CHINA SUPER MACHINE

中央广播电视总台影视剧纪录片中心◎编著

電子工業出版社
Publishing House of Electronics Industry
北京 • BEIJING

内容简介

《超级装备》以深入贯彻党的二十大精神为主线，聚焦当今中国在能源、医疗、基建、交通、救援等领域最先进的尖端装备，充分展现了推进中国式现代化的伟大成就，彰显了中国力量、厚植了家国情怀、讴歌了中国梦想。字里行间，可开启一场体验撼人心魄的超级装备的成就之旅；方寸之间，可细细丈量迈向中国式现代化的每次非凡进步；用耳朵熨帖着精美的图片，可聆听中国几代工业人自立自强、自主创新的蓬勃心跳。

本书将阐释强大的超级装备横空出世，并非只为争世界第一，而是为了满足14亿人口对美好生活的向往，为了实现中华民族伟大复兴的中国梦。

图书在版编目（CIP）数据

超级装备 / 中央广播电视总台影视剧纪录片中心编著. 一北京：电子工业出版社，2023.8
ISBN 978-7-121-45894-1

I. ①超…II. ①中…III. ①科技成果一中国一现代一普及读物 IV. ① N12-49

中国国家版本馆CIP数据核字（2023）第124617号

责任编辑：徐　静　董亚峰
印　　刷：天津画中画印刷有限公司
装　　订：天津画中画印刷有限公司
出版发行：电子工业出版社
　　　　　北京市海淀区万寿路173信箱　　邮编：100036
开　　本：720×1000　1/16　印张：26.5　　字数：373　千字
版　　次：2023年8月第1版
印　　次：2023年8月第1次印刷
定　　价：128.00元

凡所购买电子工业出版社图书有缺损问题，请向购买书店调换。若书店售缺，请与本社发行部联系，联系及邮购电话：(010) 88254888，88258888。

质量投诉请发邮件至 zlts@phei.com.cn，盗版侵权举报请发邮件至 dbqq@phei.com.cn。

本书咨询联系方式：（010）88254487，xujing@phei.com.cn。

《超级装备》

出版工作委员会

序

10 位院士评《超级装备》

（按姓氏拼音排名）

巴德年

中国工程院院士，中国协和医科大学原校长，中华医学会副会长。

看了中央广播电视总台影视剧纪录片中心出品的《超级装备》，非常振奋。纪录片集中展示了我们国家近年来研发的代表性国之重器，既充分体现了国家科技进步、经济民生发展的成就，又深入展现了尖端装备的研发和制造过程，发挥了很好的科普教育作用。

作为一名临床医生，我对医疗装备的发展尤其感兴趣，为像脑起搏器这样通过自主创新、实实在在改善民生的硬科技叫好！这部纪录片使观众彻底理解了这些装备的功能效用，是非常正能量、对当代中国先进技术进行全民科普的高质量系列片。

樊 嘉

中国科学院院士，复旦大学附属中山医院院长。

中国古代的“四大发明”，曾经在人类文明史上留下了浓墨重彩的一笔。新时代的中国科技工作者，坚持走中国特色自主创新之路，打造“国之重器”。在生物医药领域，通过产学研医融合创新发展，一些世界最先进的诊疗装备在中国诞生，投入临床使用，并不断优化向全球推广，为探索生命本质、征服疑难病症、守护人类健康提供了强大支撑。

《超级装备》系列纪录片，以全新独特的视角、气势恢宏的画面、触动心灵的叙述，让观众沉浸式体验中国科技进步的磅礴力量。同时，《超级装备》采用更贴近生活的描述、更生动形象的计算机模拟，以“超常”的表现手法展示“超级”的高端装备。在这场视觉盛宴中，我们充分感受到了新时代中国科技工作者敬佑生命、尊重自然、追求卓越的精神面貌，共同见证了中国科技工作者自立创新、创造未来、为实现中华民族伟大复兴迈出的坚实步伐。

房建成

中国科学院院士，北京航空航天大学教授、学术委员会主任。

《超级装备》用通俗易懂又充满创意的语言，揭开了18个超级装备的神秘面纱。这是一部展现中国装备挑战极端工况、挑战世界纪录、挑战“不可能”的纪录片，充分展示了中国的工业制造能力和工程建设水平。

这也是一部刻画中国科学家与工程师在中国特色自主创新之路上坚定信心、百折不挠、乘风破浪、勇攀高峰的纪录片，每个超级装备的背后都是几代人的不懈努力和使命担当。

这更是一部彰显祖国不断强化战略科技力量、不断激发强劲创新动能、加快建设创新型国家和世界科技强国的纪录片。超级装备是国家安全的底气，是人民幸福的底气，更是民族自信的底气。

韩济生

中国科学院院士，北京大学教授，北京大学神经科学研究所名誉所长。

《超级装备》聚焦中国能源、医疗、基建、交通、救援五大领域的18个尖端装备，无论是重型装备还是精密装备，不仅实现了国产化，而且走到了世界前沿，并根据老百姓的需求不断改进、优化和迭代，充分彰显了“科技利民”的思想。

尤其是分子影像、血液分析、手术机器人等尖端医疗装备的成功研发和应用，替代了以往需要依赖进口的昂贵设备，使得相关医疗设备的价格大大降低，医疗服务更加精准高效。纪录片每一集都紧扣主题、精心编排，既是一曲表现中国科技工作者创新与奉献的颂歌，也是一部深入浅出、引人入胜的科普精品，更是一份紧扣时代脉搏、提振民族自信的精神食粮。

卢秉恒

中国工程院院士，西安交通大学教授，国家增材制造创新中心主任。

《超级装备》是一部工业科技类纪录片，这种类型的纪录片要做好是非常不容易的。怎么把一些艰涩难懂的专业知识讲得让普通观众都明白？首先，创作团队要把每一项技术的精髓和核心抓住，自己先成为半个专家；然后，还得以讲故事的方式娓娓道来，让没有专业知识背景的普通观众有一种豁然开朗的感觉。

把枯燥的专业知识转化为通俗易懂的故事，相当于纪录片创作团队要把“工业技术”“科学知识”这些“硬骨头”吃下去，然后进行消化分解，最后变成容易吸收的矿物质，惠及所有观众。“知识转化”不是简单的物理过程，而是复杂的化学过程。《超级装备》在“知识转化”方面做了很多努力，值得其他行业和领域的人学习借鉴。

彭孝军

中国科学院院士，大连理工大学化工学院院长、教授。

鲲鹏展其长翅，方可遨游于万里长空。《超级装备》系列纪录片，系统科学地展示了国家在重大装备现代化历程中取得的非凡进步，反映了中国科技工作者解决“卡脖子”技术问题的工匠精神和智慧。中华民族崛起之路越走越宽，作为一名科技工作者，自豪之感油然而生。

纪录片从探秘的视角，生动且严谨地描述了国家在能源、医疗、基建等领域的重大装备研发所取得的伟大成就，兼顾科普严谨性和人文艺术性，有力提升了国民的民族自豪感，同时在世界观众面前弘扬了中国的工匠精神，成为中国又一张闪亮名片，是一部不可多得的科普巨作。

田　伟

中国工程院院士，北京积水潭医院首席科学家。

《超级装备》是中国近年来的一部重磅科普纪录片，给我的第一印象是制作精良。作为工业科技类系列节目，《超级装备》融入了很多艺术创作的赋能，使得纪录片成为一件精致的艺术品。它在向大众传播知识的同时，也渗透着美和艺术的传播，这是文明传达的一种有效形式。

《超级装备》旨在提振中国人民的自豪感，生动阐述我们在建设现代化国家的历程中取得的科技成果，是一部非常成功的科普励志片，给广大观众留下了深刻而美好的印象。

王华明

中国工程院院士，北京航空航天大学教授，大型金属构件增材制造国家工程实验室主任，北京煜鼎增材制造研究院首席科学家。

《超级装备》展示了在能源、医疗、救援等领域中以超大、超强、超重、超精为基本特征的超级装备。该纪录片将“超级装备”复杂的原理、制造和工作过程，用生动有趣且不失专业的语言配合现代影像手段，深入浅出地展示在观众面前，既引人入胜，更令人震撼。

纪录片生动地展现了中国改革开放40多年来能源动力、工程建设、交通运输等领域重大装备和产业的巨大进步及成就，反映了中国人民自强不息的伟大奋斗精神。纪录片还含蓄而清晰地表达了“科技利民”思想，超级装备无论超大、超强，还是超精、超小，其根本目标都是服务民生、提升中国人民的幸福生活水平，这也是该纪录片的另一深度、广度与厚度。

张力伟

首都医科大学附属北京天坛医院副院长，中国医师协会神经外科医师分会会长，欧洲科学院院士。

今天很多人都会关注，中国在全球发展中、在国际竞争中的自主品牌是什么？核心技术有哪些？让我们感到自豪的科技创新成果是什么？看了由中央广播电视总台影视剧纪录片中心出品的大型纪录片《超级装备》，我感到非常震撼，内心大受鼓舞。

作为一名脑外科医生，我特别关注了《智领仁心》这集。本集通过几个有代表性的事例，聚焦当今中国医学领域的尖端装备，展现了医工交叉、多学科合作创新、人工智能等领域集成攻关创新的科技成果，展示了中国精神和中国品牌，也在健康中国和世界文明发展方面，展现了中国匠人敢为人先的创新精神和大国情怀。

赵继宗

中国科学院院士，香港外科医学院荣誉院士，世界神经外科联盟（WFNS）执委，中国国家神经系统疾病临床研究中心主任，首都医科大学神经外科学院院长。

纪录片《超级装备》，不仅立意高，系统展示了我们国家最先进的“硬科技”杰出成就和应用成果，而且形象直观，便于不同年龄和背景的观众理解；既是一部生动的科普片，又是一部有吸引力的故事片。

看了纪录片我很感动，片中所展示的科技成果，都与人民的幸福生活息息相关。无论是关怀个体健康的尖端医疗装备，还是给千家万户送去光和热的大型能源装备，或者是救民于危难的先进急救装备，都让观众持续感受到国家科技进步给人民带来的福祉。尤其是纪录片的结尾，让普通科研人员和一线建设者发出自己的心声，非常真实，很有感染力。

前言

这是一本用光影折叠而成的书册。

流动的帧率慢了下来，化为文字的静谧城堡。

在城堡里找一个有光的地方阅读，中国最前沿的大飞机“鲲龙”、最强悍的起重“机甲”、最精密的医疗“宇宙”，一个个跃然纸上。

你可以在字里行间，完成一场数字科技的奇观之旅；也可以在方寸之间，细细丈量中国迈向现代化的每一次非凡的进步；更可以用耳朵熨帖着精美的图片，聆听中国几代工业人的蓬勃心跳。

这本书，缘起于一部纪录片。

《超级装备》纪录片，由中央广播电视总台影视剧纪录片中心投资出品，国务院国有资产监督管理委员会、国家卫生健康委员会、交通运输部、国家能源局等联合协拍，上海视野影视股份有限公司独家承制。它聚焦了当今中国在能源、医疗、基建、交通、救援五大领域最先进的尖端装备，展现着它们以超凡能力给人民带来的福祉。

借由影像的力量，它在 CCTV-9 首播后，微博话题阅读总量突破 2 亿次，曾 18 次登上全网各平台热搜。为了延展它的热度，持续提升人民的文化自信和民族自豪感，在创作团队、出版团队和业界专家的共同努力下，由中央广播电视总台影视剧纪录片中心与中国工信出版集团电子工业出版社携手，按照图书的编写体例编撰书稿，终于使《超级装备》图书得以诞生。

编著者

目录

Chapter One

第一章

文字里的“超级装备”

第一集　蓄势赋能

韩　晶

01

坐落在 40 亿年的地球上，晒着 50 亿年的太阳，用 2 亿年的金沙江水沐足。鼓腹容纳下世间万象，一呼一吸之间，吞吐着 858 亿立方米水量。

这是一项规模宏伟的超级水利工程，16 台由中国人自主研制的百万千瓦级水力发电机组，位列世界之首。建成后，平均每年可发电 600 多亿千瓦时，节约标准煤 2800 万吨，相当于少建 7 座大型火力发电厂。它，就是中国的超级能源装备——白鹤滩水电站。

白鹤滩水电站

由白鹤滩往东南方向 1070 千米，来到了中国大陆的最南端。湛江外罗 51 平方千米的海面上，68 座高挑灵动的“风之精灵”，正在徐徐展开“捕风之舞”。

这里年平均风速每秒 7.2 米，180 米直径的风机叶轮犹如“捕风之翼”划过天空，将虚无的风化作触手可及的能源。外罗风电场建成后，每年可发电 10 亿千瓦时，相当于 65 万户家庭一年的用电量。

然而，要在风急浪高的海面上竖起百米高的塔架，把超过空客 A380 飞机翼展长度的叶片，精准无误地安装在轮毂上，什么力量才能完成如此艰巨的任务呢？

长 85 米、支撑能力超万吨的 4 条桩腿，是它壮硕的四肢；起重能力 2000 吨的海上工程起重机，是它擎天的臂膀；长 128 米、宽 43 米、相当于半个标准足球场大小的甲板，是它超大的肚量；它能轻松起吊 90 多米长、重量超千吨的风电桩，在不到千分之三的精度误差内，将风电桩垂直插入海床深处。它，就是中国在役最大的自升式风电安装平台——龙源振华叁号。

龙源振华叁号

从湛江继续向南 340 千米，在距离大陆架 150 千米的海面上，一座由 24000 多个零部件组成的巨型“机器岛”，被 16 根单根长度超 2500 米的特制锚链系泊在茫茫大海上。

它高 120 米，相当于 40 层楼的高度；总重量超 5 万吨，投影平面相当于 2 个标准足球场大小，排水量相当于 3 艘中型航母。它每天从 1500 米的深海采集 1000 万立方米天然气，相当于 7 万桶石油的日产量。它，就是中国自主建造的全球首座十万吨级半潜式能源生产平台——深海一号。

深海一号

02-1

科学家宣称，到 2025 年，地球大气中二氧化碳的含量，将达到过去 1500 万年以来的最高峰。中国，为了满足 14 亿人口的巨大能源需求，加大了对清洁能源的开发利用。而水力发电，是其中最有效也是最成熟的利用方式。

白鹤滩水电站，是金沙江下游梯级水利开发的第四座超级水电站。总装机容量 1600 万千瓦时，在全球总装机容量最大的十大水电站中位居第二，仅次于三峡水电站。

一大早，大坝浇筑现场就忙碌了起来。7 座缆机在险峻的河谷间往返穿梭，将一罐罐装满混凝土的吊罐，源源不断地运送到工地上。

19
SANY
15

白鹤滩水电站，由大坝、地下发电厂和泄洪洞 3 个部分组成。大坝围成的水库相当于蓄能池，来自金沙江上游的水在此积聚势能；地下发电厂是能量转换器，把水的势能转换为电能；而泄洪洞则是能量消解器，当洪峰来临时，通过泄洪把水的势能消解掉。

从外形看，白鹤滩大坝与三峡大坝迥然不同。三峡大坝是重力坝，依靠自身重量，稳坐于大江之上。而白鹤滩大坝则是拱坝，它借助拱的作用，把水的压力传递给拱端两岸的山体。

建造白鹤滩大坝采用的是“缆机吊罐”的浇筑方式，重达 30 吨的混凝土吊罐，被缆机分毫不差地吊到指定位置。这座举世罕见的拱坝就是这样一吊罐、一吊罐地运送了 97 万次，才得以浇筑完成。

大坝浇筑到了最后的关键时刻，然而这时，工程师谭尧升的手机上突然传来一条警报：坝体混凝土局部温度异常。这，是怎么回事呢？

迄今为止，水泥混凝土仍是人类建造大坝的首选材料。但问题是，混凝土在硬化胶结过程中，水泥会持续发热，温度最高可达 70~80 摄氏度。白鹤滩大坝坝高 289 米，坝长 709 米，浇筑它，要耗费 803 万立方米混凝土，是埃及胡夫金字塔体积的 3 倍多。而要让 803 万立方米混凝土自然冷却，大约需要 140 年的时间，白鹤滩水电站当然等不及。

更为严重的是，混凝土坝体会开裂。混凝土的表面跟冷空气接触，会较快地冷却收缩，但内部却仍在持续发热膨胀。随着热胀冷缩的力量逐渐积聚，开裂将无法避免。“无坝不裂”，也因此而成为世界难题。白鹤滩该如何规避这个风险呢？

混凝土运输

仅凭肉眼看，这些混凝土似乎与普通混凝土并无区别。殊不知，它们内部却暗藏玄机。

在水泥厂，特殊化学配方的混凝土，正与冰块和冰水搅拌在一起，这使得混凝土在出厂时的温度仅为 6 摄氏度，也使得白鹤滩大坝成为世界上首座用“低热水泥”浇筑的大坝。

但运输过程中，混凝土温度会受外界气温影响而升高。为此，运输车内壁安装了保温隔热层，确保送到现场时，温度被控制在 12 摄氏度。但这样，就能让工程师们高枕无忧吗？

收到警报的谭尧升团队，迅速通过由庞大数据库支撑的中央智能控制系统，仔细排查坝体内部混凝土温度异常升高的原因。

混凝土凝结是一个复杂的化学物理过程，虽然送到现场时，混凝土只有 12 摄氏度，但凝结过程中内部温度仍会持续升高，那么，一旦温度超标又该怎么办呢？

大坝浇筑时，是分成 3 米见方一块一块浇筑混凝土的，每块被称作“仓”。在每仓内插入 3 个温度计，用来监测内部温度的变化，并实时上传信息给中央智能控制系统，中央智能控制系统好比大坝的“神经”系统，它连接着中央控制室这个“大脑”。

谭尧升／中国三峡集团科学研究院副主任专业师

把施工全过程的数据，包括山体开挖、混凝土浇筑、温控、灌浆等所有信息，都通过现场采集的方式传输到系统里面，然后进行数据分析，再以分析的结果进行现场控制。

浇筑时，不仅在每仓内安装了温度计，还预埋了降温水管。12 摄氏度的低温水持续不断地流经管内，带走热量，把混凝土内部温度控制在 27 摄氏度之内。一旦温度超标，中央智能控制系统会自动增加水流速度和水的流量，为混凝土降温。

这样，白鹤滩大坝就不会因为混凝土的热胀冷缩而开裂了。“无坝不裂”的魔咒，就这样被中国人的巧思破解了。

白鹤滩水电站远景

02-2

海上风电，被公认为当今世界上最有发展前景的绿色能源。中国从 2018 年起，已连续 3 年成为海上风机新增装机容量世界第一的国家。据全球风能理事会统计，2020 年中国累计装机容量已达 9898 兆瓦。这个曾经煤炭污染严重、石油高度依赖进口的国家，碳达峰碳中和的决心已向世界展露无遗。

李 泽／江苏龙源振华海洋工程有限公司党委书记

中国的海上风电建设，经过近10年的大规模发展，风机不断地加大，从最早的3兆瓦风机到现在的6.45兆瓦风机，包括后面更大的7兆瓦、10兆瓦风机。水深不断地增加，从10米水深到现在的20米、30米、50米水深。离岸也越来越远，就更需要适合中国海域的更大、更好的装备问世。

晨曦初露的外罗风电场，龙源振华叁号的甲板上，塔筒的吊装已经拉开帷幕。

海上风机，由基础桩、塔架、叶轮和主机4个部分组成。基础桩犹如“根系”，牢牢扎进海床；塔架犹如“躯干”，高高支撑起风机；叶轮如同“翼翅”，在空中捕风；而主机则如同“心房”，风的势能通过它转变为电能。

塔架由4段塔筒拼接而成，此时起吊的是第二段塔筒。对于现场总指挥王林朋来说，这是一场与时间的赛跑，因为48小时后将有大风来袭，他必须赶在起风前，完成风机的吊装。

而对于有着2000吨起重能力的龙源振华叁号来说，起吊1/4段、仅200吨重的塔筒不过是小菜一碟。在此之前，将超千吨的风电基础桩起吊到空中，并垂直插入海床，才是它最拿手的好戏。

然而，外罗海域年平均风速每秒7.2米的呼啸海风，在带来充沛发电量的同时，也日复一日地加剧着起重机臂架的金属疲劳。要把1350吨重的基础桩起吊到离海面140米的高度，相当于一次将10头成年蓝鲸提升到47层楼的楼顶。一旦臂架由于涌浪扭拉和咸湿海风侵蚀而产生疲劳，不仅会造成设备损毁，甚至可能导致平台倾覆和人员伤亡。那么，如何解决臂架的疲劳问题呢？

基础桩吊装

秘密，就藏在臂架主杆与支杆连接处那一个个突起的异形曲面里。桁架由高强无缝钢管组接而成，主杆与支杆如果采用传统的点对点焊接方式，焊接面的空间关系将变得异常复杂，焊接时哪怕极微小的一点瑕疵，都可能导致金属疲劳的堆积。而“包容式节点”，正是减少疲劳应力的一个巧思。

包容式节点

吴富生／振华重工设计研究总院党委书记

包容式节点，形状像一个鼓，上面开孔，把管子插进去。不需要对管子本身的精度有多高要求，因为插进去的距离可以调节，通过调节减少了误差对金属臂架的影响。

不过，异形曲面的加工却并不容易。不仅钢板厚度、曲面角度要经过复杂的计算，而且冲压成型后，还要在曲面上开孔，将不同方向的支杆和曲面焊接缝合。包容式节点增加了主杆与支杆的接触面，消除了 2/3 的疲劳应力，使臂架整体上更为坚固。

凭借独具匠心的包容式节点，起吊直径 8 米、重 1350 吨的基础桩，龙源振华叁号显得游刃有余。然而很快，新的问题接踵而来。

基础桩插入海床时，受海浪洋流的影响，倾斜将不可避免。而一旦插桩发生偏差，不仅价值 2000 万元的基础桩就此报废，废桩还会阻塞航道，成为过往船只的“隐形杀手”。那么，如何才能将基础桩分毫不差地垂直插入海床呢？

形似人的臂弯，双臂打开，可将基础桩揽入怀中；双臂合抱，可让基础桩毫不动摇。这个强有力的“臂弯”，就是中国自主研发的双层抱桩器。

抱桩器直径 10 米，由上下两层圆环形夹臂组成，夹臂内安装多个由液压小油缸控制的触头和高压千斤顶。插桩时，触头能精确感知基础桩的倾斜度，并将数值传递给计算机。计算机根据数值调节千斤顶的力量，从基础桩表面朝圆心方向顶推，对垂直度进行纠偏，确保垂直精度控制在千分之三以内。

甲板上，风电塔架的吊装已接近尾声。正因为有了固若磐石的基础桩，塔架才得以在狂风巨浪中屹立不倒。

02-3

石油，现代社会的核心能源，被誉为“工业血液”。中国，是石油消费第二大国，每天消耗原油 1400 万桶。然而，中国每天的石油产量仅 380 万桶，巨大的缺口，迫使中国人不得不加快石油天然气的开采步伐。而海洋油气的开发，更是中国未来能源战略的重要一环。

尤学刚／深海一号项目总经理

在世界的海洋石油发展史上，石油工业产量的增长点在海上，而海上的增长点在深海。随着装备和技术的提升，也是我们国家生存和发展的需要，石油开发从陆地走向海洋，又逐步从浅海走向深海。

然而，阻挡在深海一号和海底宝藏之间的，是诡谲莫测的1500米深海、三大地理板块相互挤压的复杂海床，以及被时速300千米的台风裹挟着的超过23米高的巨浪。那么，深海一号如何才能坚如磐石地连续在海上作业数十年呢？

深海一号的水面部分，包含上部组块和下部船体。上部组块装配有近200套油气处理设备，是一座先进的石油天然气化工厂。下部船体由4个20层楼高的浮箱立柱组成，它们为平台提供浮力。

天刚蒙蒙亮，脐带缆的安装工作就开始了。与深海一号并肩作战的是中国首艘作业深度达3000米水深的海洋工程船“海洋石油286”。

甲板上，人们正在给脐带缆捆扎浮子。脐带缆已被下放到水深800米处，必须每隔3.5米捆扎一个浮子，目的是让这根长5000米、价值超千万元人民币的脐带缆在水下铺展开时，呈S形悬链线状态，而不被自身516吨的重量所挤压和缠绕。

在肉眼不可见的海面下，是深海一号庞大而复杂的“水下采油树”，包括油气井、输油管、管汇和脐带缆4个部分。油气井是出油口，输油管负责输送油气，而管汇则把来自各个油气井的石油天然气集中起来，统一输送给深海一号。

脐带缆是“采油树”的动力线和“中枢神经”，一方面为水下生产提供动力，另一方面把平台下达的作业指令传递给水下生产系统。

范志锋／深海一号项目工程师

水下生产系统，对深水油气田开发是非常重要的。整个海上平台与“水下采油树”，最重要的部分就是水下脐带缆。海上平台的电力、液压动力和化学药剂等，就是通过脐带缆，源源不断地输送到1500米深、30多千米远的水下生产系统的。

张紧器

天然气在一定条件下会与水结晶，形成“天然气水合物”。“天然气水合物”是导致输油管堵塞的罪魁祸首，就像人体血管里的血栓。而1500米深海处的低温，正是形成“天然气水合物”的最佳环境。通过脐带缆向海底油井注入一种叫“乙二醇”的化学物质，就能防止油气低温冻结和“天然气水合物”的生成。

海洋石油286的卷管盘仓内，巨大的绞盘缓缓转动，将脐带缆传送到高耸在甲板中部的立式铺管架上。月池缓缓打开，张紧器犹如章鱼布满吸盘的腕足，有力而精准地握住脐带缆，将它一寸一寸地放入海水中。

脐带缆一端已被放置到水下120米处，深海一号的绞车准备提拉脐带缆，并与平台对接。然而，对于这座浮式作业平台来说，这并非易事。

16根粗壮的锚链，已被紧绷在16座动力强大的锚机上。锚泊系统被誉为浮式平台的“定海神针”。深海一号抵御海上风浪的秘籍，正是浸没在水下的16根特制锚链。

传统系泊一般都使用钢制锚链，但如果深海一号也使用钢制锚链，那么单根长度超2500米的钢链，自重就达2万吨，16根锚链总重量将超过32万吨。在洋流的作用下，锚链过大的自重，会形成巨大的惯性力，拖曳平台并导致平台失衡甚至倾覆。

而深海一号使用的是一种新型锚链，它由3段组成，与平台相连的200米，由于经常被锚机卷起调节松紧，因此采用钢制锚链；固定在海床上的300米，因长期与海床摩擦，也采用耐磨的钢制锚链；而中间的2000米，则使用最新研制的聚酯缆。聚酯缆由高分子聚酯材料制成，强度与同等直径的钢链相等，但重量却只是钢链的1/43。

L4
L3
L2

“深海一号”锚机

正是这特制的高科技锚链，让浮态的深海一号处于相对稳定状态，也使脐带缆与平台的精准对接成为可能。

此时，绞车开始小心翼翼地提拉脐带缆。只是谁也没有想到，就在这个当口，绞车突然停住了！

绞车的最大拉力为 45 吨，而提拉脐带缆只需要 28 吨，拉力绰绰有余。但当绞车拉力达到 30 吨时，脐带缆却提拉不动了。继续增加拉力到 34 吨，脐带缆仍然提拉不动。总控室里，气氛顿时紧张起来。

驾驶舱内，尤学刚忧心忡忡地关注着作业情况。身为深海一号的掌门人，他深知脐带缆安装成功与否，不仅关乎工程进度，更事关未来深海一号能否在海上安全运行数十载。那么，问题究竟出在哪儿呢？

03-1

白鹤滩水电站，一条悠长的隧道，蜿蜒进入大坝两侧的山体深处。这座偌大的地宫，就是水电站的能量转换器——地下发电厂。即将展开的是 2 号水轮机组转轮的吊装。

转轮，是水电站的核心部件。它直径 8.62 米，高 3.92 米，由 15 片单片重 11 吨的叶片组成，总重 353 吨，相当于 6 节高铁车厢的重量总和。

要给这 16 台发电机组安家，首先得在山体里开挖大型地下洞室群，建造超一流的发电厂。地宫全长 217 千米，相当于从北京到天津的往返距离。挖掘掉的土石方，可以填满两个杭州西湖。然而它的开挖和支护，却是一个世界难题。

王克祥／
中国三峡集团白鹤滩工程建设部大坝部副主任

白鹤滩，可以说是目前世界上唯一一座近 300 米高坝建在柱状节理玄武岩上的水电站。这种岩石就像一把筷子，在不扰动它的前提下，在周围的围压比较好的状况下，它的性状非常好。但如果周围的筷子笼一旦打开，它就会像筷子那样全部散开。

特殊的柱状节理玄武岩地质结构，使得近 300 米高坝坐落在一片易松弛、易破碎的基础上，并且全世界对此都没有成功的经验可以借鉴。那么，中国人如何攻克这个难题呢？

王克祥／
中国三峡集团白鹤滩工程建设部大坝部副主任

我们能不能在开挖之前，筷子还在筷子笼里的时候，先用胶水把筷子一根一根粘起来，然后我再开挖，它不就是一个整体了吗？

要把筷子般松弛的岩层稳固成一个整体，工程师们独创了“围岩灌浆”“散能爆破”等多项技术，对岩层采取预灌浆、锚固、二次灌浆等一系列科学有效的手段。基础做扎实了，大坝也就固若金汤了。

现在，转轮起吊开始了。具有1300吨起吊能力的桥式起重机平稳运行，小心翼翼地将转轮运往指定位置。不过，转轮还不是金沙江水最先光顾的地方。

螺旋形腔体，橙色系涂装，使形似鹦鹉螺壳的奇异空间透出某种玄幻的质感。这是蜗壳，位于水轮发电机的底部，来自金沙江上游的水，将通过大坝两侧的进水口率先进入蜗壳。

蜗壳

然而，从进水口到蜗壳，垂直落差为200多米，相当于70层楼的高度。高位落差，使进入蜗壳的水流具有巨大的能量。而蜗壳内部螺旋形空间结构，又进一步加大了水的势能，冲击转轮高速旋转，把水的势能转化为机械能，同时带动转子高速旋转，再把机械能转换为电能。

要承受从70层楼高度跌落的激流的巨大冲击，蜗壳当然不能用普通材料制造。它由一种叫“屈服780”的特强钢制成，这也是中国人用来建造航母的特殊钢材。蜗壳每平方厘米的面积上要承受780兆帕压强，相当于8吨重。打个不恰当的比喻，就像在人的指甲盖上站两头成年非洲大象，蜗壳的承压能力，就可想而知了。

此刻，巨大的转轮，终于被平稳吊运至水轮发电机的上方，并精准放置到蜗壳中央。不久，这座能量转换器，将为数千万中国人送去光和热。

转轮吊装

03-2

广东湛江外罗海上风电场，气象骤变的征兆已显现，龙源振华叁号必须尽快展开主机的吊装。

主机，堪称是风力发电机的“心房”，然而主机与塔筒的对接却并不简单。海上作业常年受风浪洋流影响，风机的安装精度时刻面临巨大挑战。更何况，主机要在狂风呼啸的高空完成与塔架的对接。

要应对诡谲变幻的海况，龙源振华叁号首先必须解决自身的稳定问题，从“浮态”变成“稳定态”。

为此，平台被设计成“自升式站立作业”模式，也就是 4 条桩腿插入海床后作业。单条桩腿长 85 米，可承重 4000 多吨，4 条桩腿足以支撑平台超万吨的重量。桩腿在海底生根后，升降系统将船体向上顶升到位，平台由“浮态”转变为“稳定态”。

吴富生／振华重工设计研究总院党委书记

有了 4 条桩腿之后，把平台升起来，平台就像海岛一样稳固了，起重机也相当于在一个固定的岛上作业。

主机吊装

现在，如“海岛”般稳固的龙源振华叁号，已将 247 吨重的主机悬吊到塔筒的顶端。在数十名经验丰富的风电安装工细心且娴熟的校准下，主机与塔筒精准对接，成功合拢。从此，“风之精灵”有了蓬勃的心跳。

紧接着，风叶的安装开始了。单片风叶被小心翼翼地起吊到甲板的上空，准备与轮毂组接成直径 180 米的叶轮。

叶片被起吊到位后，116 个双头螺栓与轮毂精准对孔并紧固。现在，“风之精灵”有了涌动的“心房”和纤细的“腰身”，如果再加上“翼翅”，“捕风之舞”就可以开始了。

然而此刻，王林朋的脸色却阴郁起来。天有不测风云，预报 48 小时后来袭的大风，突然提前降临了，并且风力迅速增强到每秒 12 米。而叶轮吊装，必须在风力小于每秒 4 米的海况下才能进行。

叶片安装

王林朋
龙源振华叁号项目副经理

因为叶轮是玻璃钢材料做的，本身就比较轻，吊到上面以后，风大了拉不住，叶轮就会两边摇晃，如果撞到吊机臂架，会非常危险。

更何况，叶轮要被吊到130米高的塔架顶上与主机舱对孔，塔顶的风更大，叶片又招风，对接难度将大大增加。风球“哗哗”地飞转着，王林朋忧心忡忡地查看天气预报，连续几天都是大风。除了等，没有别的办法。

好在他对诡谲莫测的海况早有心理准备，果然，前夜还肆虐不止的大风，到了凌晨突然停了。时不我待，叶轮整体吊装立刻开始。起重机将叶轮稳稳地举到空中，与主机舱开始精准对孔，直至合拢，整个过程十分流畅。漂亮！又一座“捕风之翼”，在海面上竖立起来了！

叶轮吊装

03-3

海洋石油 286 总控室里，愁云密布。面对绞车无法提拉脐带缆的困境，工程师决定派潜水员下水，探查脐带缆是否被卡住了，待摸清情况后再做决断。很快，水下就传来潜水员席显俊的消息，果然，脐带缆的拖拉头被卡在了平台底部。

现在唯一的办法是由潜水员在拖拉头上系一根临时缆绳，再用吊机牵拉缆绳，看能否让卡住的拖拉头松动下来。总控室里的气氛很紧张，因为谁也不敢打保票，这个方法一定奏效。一旦牵拉失当，还可能造成脐带缆的损伤，损失巨大。

尤学刚／深海一号项目总经理

主脐带缆，相当于深海一号的中枢神经，必须一次性做对、做好。无论出现什么问题，如果不能修复的话，我都得把它解下来，换新的脐带缆回接上去。这么一个来回，大概就要花五六亿元。

与此同时，在深海一号的下部浮体，储油舱安全警报系统的检测工作也正在紧锣密鼓地进行。

68 米深的管井，犹如一座倒悬的楼宇，“之”字形旋梯仿佛直通地心。似乎只要沿着旋梯一直往下走，就能走进凡尔纳笔下的科幻世界。

深海一号巨大的储油舱就在这 4 条粗壮的方形柱腿内。柱腿内部总容积为 2 万立方米，可储存约 12 万桶石油，相当于两个“水立方”游泳池。

“深海一号”浮箱立柱内部

来自深海的原油天然气，在经过化工厂的油气水三相分离后，天然气被加压，通过海底输气管道输送往150千米外的陆地。石油则被储存进储油舱，等候油轮来运油。

储满如此巨量石油的深海一号，无疑像一颗漂浮的炸弹。储油舱一旦发生泄漏或引发火灾，后果将不堪设想，造成的灾难甚至可能危及整个地区的生态安全。

徐化奎／“深海一号”项目总工程师

安全，是一个非常复杂的系统工程。通过结构强度疲劳计算，整个平台的设计寿命是30年，但是很多关键点的疲劳寿命，要求达到150年。特别关键的地方，要达到300年的疲劳寿命。100年一遇的台风，浪高最大23米，100年一遇的台风袭击我们的时候，我们还有1.67倍的安全系数。1000年一遇的台风，浪高会达到29米，29米大浪袭击我们的时候，我们还有1.0倍的安全系数。

检测工作正在紧张进行中，他们必须保证储油舱的油压监测、压力释放和灭火系统全部处于最佳状态。储油舱采取双壳设计，也就是在储油舱外再设置隔离舱。舱内设有漏油监测、泵油装置和通风系统，一旦监测到漏油，系统会自动开启油泵并进行通风，防患于未然。

夜色笼罩了海面，终于等到了好消息，吊机牵拉缆绳有效，被卡住的拖拉头松动了。绞车开始缓慢且谨慎地转动，拉力指数逐步恢复正常。拖拉头被一点一点提拉上来，终于，脐带缆与深海一号的对接宣告成功。

3 月的海风，吹散了连续两天的阴霾。海洋石油 286 已行驶到海底井口上方，并将脐带缆的另一端放入海水中。现在，是 3000 米水下机器人 ROV 大显身手的时候了。

两台 ROV 被放入 1500 米的深海，工程师像操作游戏手柄那样，灵活地操控着机器人。随着机器人水下作业的展开，脐带缆的另一端与海底井口实现了完美对接。

04

行至水穷处，坐看云起时。从 20 世纪 50 年代筑梦绘图，到 21 世纪初艰难勘探；从 2015 年围堰截流，到 2021 年 6 月 28 日首批机组投产发电，白鹤滩，凝聚了中国几代水电人的梦想与心血。

外罗海域，一排排“风之精灵”的“捕风之舞”，正在浩渺无垠的天海间倾情上演。从东海大桥旁第一座海上风电场，到中国大陆的最南端，绵延万里的海岸线，成就了中国超级装备的高光时刻。

2021 年 6 月 25 日，深海一号火炬臂点火成功，标志着世界首座十万吨级半潜式能源生产平台开启了长达30年的服役生涯。它将通过海底管道，每年向中国的广东、海南和香港，分别输送 30 亿立方米的优质天然气，满足粤港澳大湾区 1/4 的民生用气需求。

哲人说，时间就像一条河流，给人们带来轻的膨胀的东西，而那些重的、坚固的东西，沉没了下去。在白鹤滩，在龙源振华叁号，在深海一号，这些平凡的建设者，用生命和时间，浇筑了一座座不朽的丰碑!

彩蛋

王克祥 /
中国三峡集团白鹤滩工程建设部大坝部副主任

以前有一句话，远看像逃荒，近看像要饭，仔细一看，搞水电的，因为每天都是一身泥一身水的。搞灌浆工程，长期见不到太阳。人家说你白，是因为闷的。三班倒、两班倒怎么倒呢？你上白班，白天待在洞里，晚上睡觉，一天24小时见不到太阳。上夜班，夜里待在洞里，白天睡觉，也是一天不见太阳，所以我们自称"地下工作者"。

张 慧 /
龙源振华叁号施工队长

我们有6个月没有上岸了，海工的窗口期是有限的，我们必须赶在窗口期把风电安装工作完成。

王林朋 /
龙源振华叁号项目副经理

说不想家是假的，肯定想啊。

范志锋 /
深海一号项目工程师

如果有得选择，我会选择离家近一点的工作，可以好好照顾一下老母亲。这两三年基本上没怎么回过家，就是回了家，也是匆匆两三天又要出发。我希望我的老婆、我的儿子和女儿可以健健康康、快快乐乐地生活。

尤学刚 /
深海一号项目总经理

如果说我欠家人的，我欠老妈一个忌日，我不是个大孝子。我爱人打电话跟我说，你一年没有休假，老爷子90多岁了，还有几年不知道，我不想让你有任何遗憾。

王克祥 /
中国三峡集团白鹤滩工程建设部大坝部副主任

后悔不后悔？我自己也想过这个问题。每天早晨可以看对面山上的云，我们去造水电站的地方都是处女地，别人没开发的地方。假设要重新来一回的话，就像人的一生重新来过，我有可能还是会走这条路。

张 慧 /
龙源振华叁号施工队长

这一片风机全是经我的手吊上去的，有时候晚上看看，觉得挺有成就感的。

白云峰 /
龙源振华叁号船长

我喜欢蓝色，喜欢海洋。它也使一个人的性格得到升华，因为大海包容一切，喜怒哀乐全在里边了。

第二集　智领仁心

韩　晶

01

日出东方，上海又迎来了崭新而繁忙的一天。早晨七点半，复旦大学附属中山医院，核医学科主管技师陈曙光早早来到医院，一场重要的医学检查正等待着他。而支撑这场检查的，是一款全新的人体分子影像装备。

他小心翼翼地将一块体膜安放到规定位置，这块用亚克力材料制作、充满放射性溶液的体膜，能够发射伽马射线，可用于校验系统状态。校验数据表明，这款新式装备运行状态良好。

接下来，它将以世界上最长的 2 米扫描范围、最短的 30 秒扫描时间、最少的仅为传统设备 1/40 的放射性药物剂量，一次完成对人体的全身扫描。它，就是世界首台被誉为观测人体内部的“哈勃望远镜”——两米 PET-CT“探索者”。

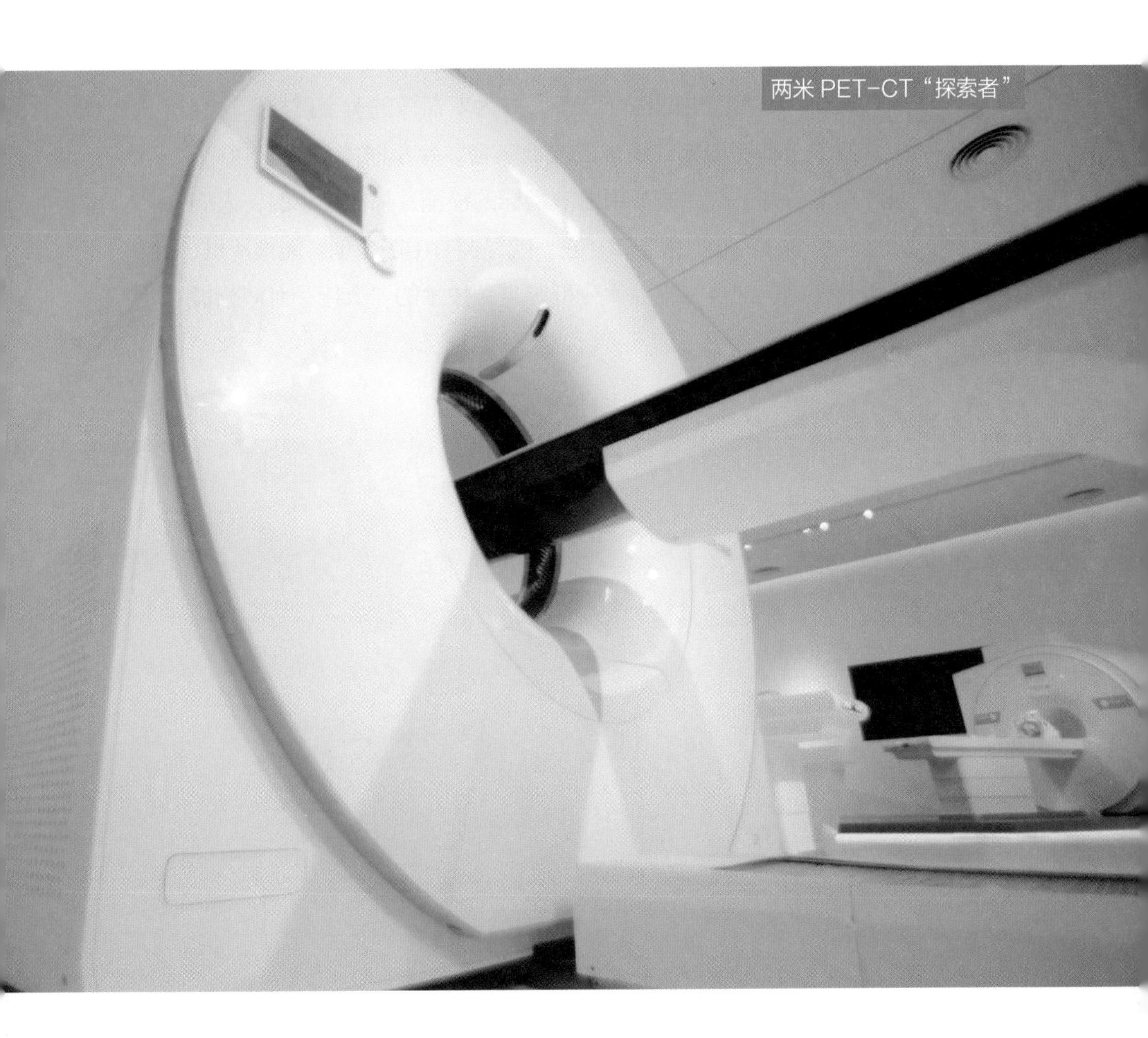
两米 PET-CT“探索者”

距离上海1200多千米的深圳，一大早，罗湖人民医院的门诊大厅就喧嚣起来。不过，一墙之隔的检验科却十分安静，罗燕萍和同事们正在埋头工作。为近1500名病人验血，是她们每天必须完成的任务。

现在，一套先进的医疗装备，成为罗燕萍的黄金搭档。这台由6万多个精密零部件组成的验血装备，每小时能接纳1000个血液样本，并一次完成多项血液指标的检测。只需半小时，人们就能获得全套的验血报告单。它，就是拥有中国原创智能推片机、核酸荧光染色结合三维立体分析等尖端技术的“太行”血液分析流水线。

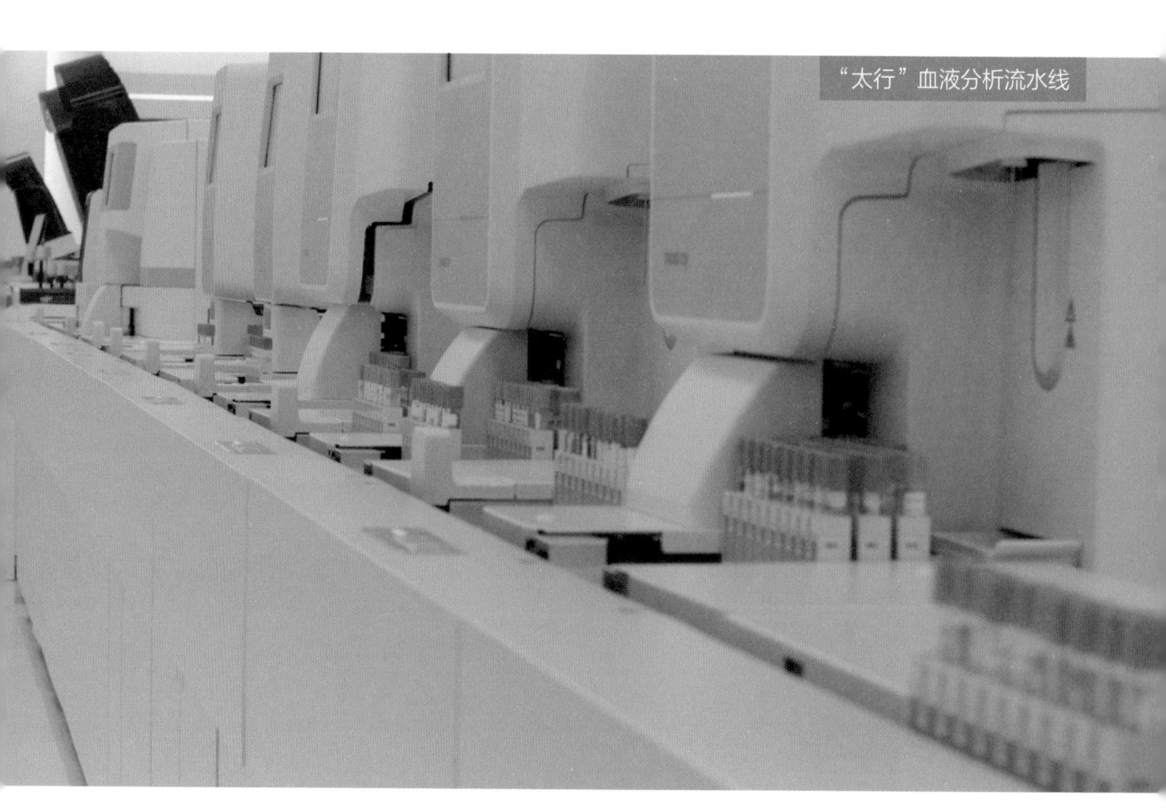
“太行”血液分析流水线

从深圳北上 1940 千米的北京，一场被誉为“手术界珠穆朗玛峰”的脑外科手术即将拉开帷幕。接受手术的是一名饱受折磨的帕金森病患者。王劲、于炎冰、胡小吾三位富有经验的脑外科专家，将通过微创手术，把两枚精密的电极，精准植入患者颅脑深部一个 4 毫米直径的神经核团中，并且植入的医疗装备将在人体内持续工作超过 10 年。它，就是全球首套植入人体质保寿命 10 年以上的清华“脑起搏器”。

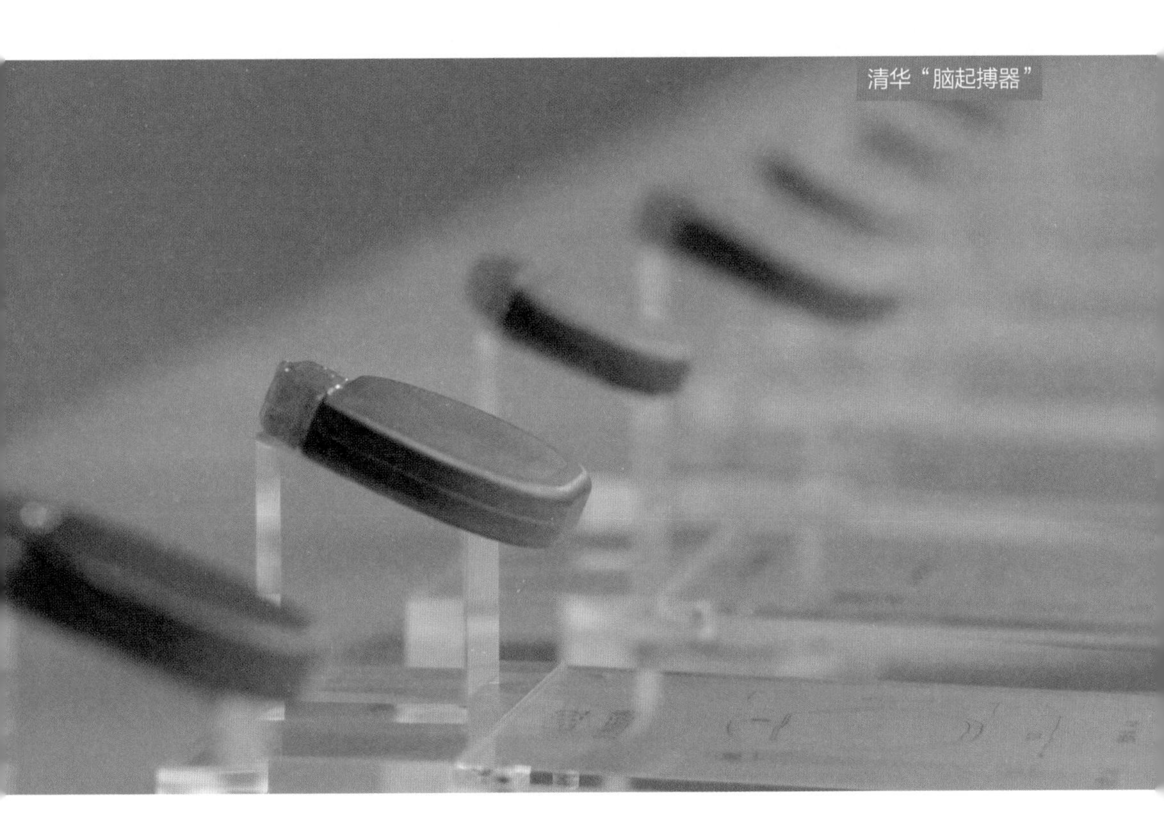

清华“脑起搏器”

不过，要在人的肉眼不可见的脑海中精准植入电极，就像是在茫茫黑夜里打靶。医生必须借助一种特殊的医疗装备来对“靶标”进行捕捉和定位。这个定位装备，就是“睿米”神经外科手术机器人。

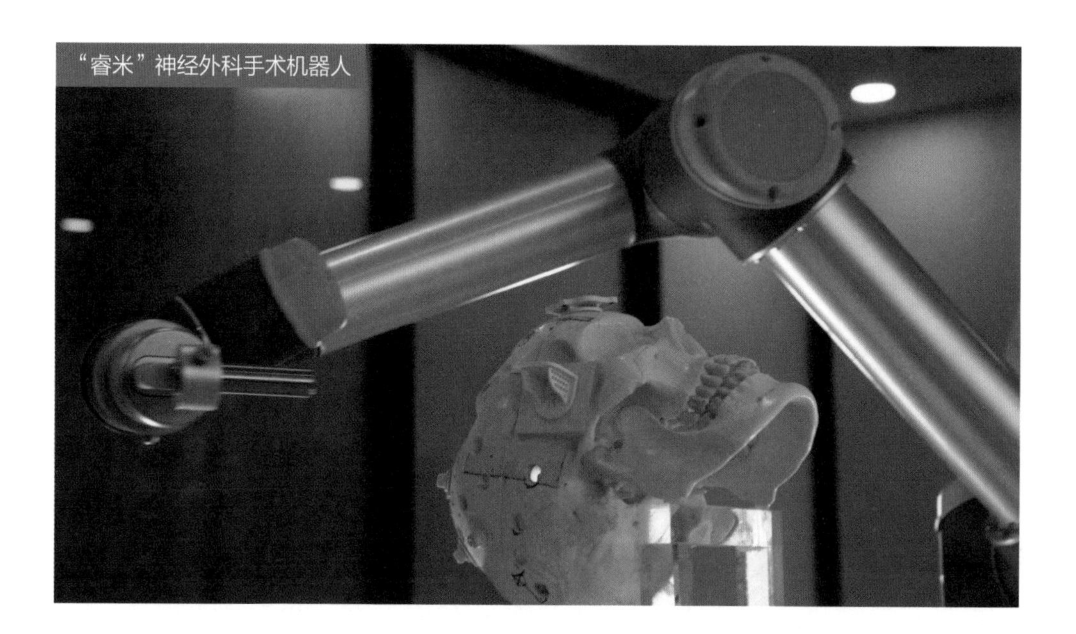
“睿米”神经外科手术机器人

02-1

在上海中山医院核医学科，就在陈曙光校验新式装备“探索者”的同时，主治医师胡鹏程也正在与患者进行谈话。患者最近体检发现，肿瘤标志物指标异常升高，心怀恐惧的他，希望借助PET-CT做进一步的检查。那么，“探索者”能找到他体内藏而不露的“隐匿杀手”吗？

PET 和 CT，是两种不同的医学影像技术。PET 能在肿瘤还未形成形态结构、而仅仅是代谢功能发生改变时，就捕捉到微弱的病变信号。但由于成像模糊，所以 PET 难以对病灶位置进行精确定位。而 CT 的优势在于，能清晰显示肿瘤的具体位置及与周围组织的浸润关系，但短板是，如果肿瘤体积过小，CT 就不容易识别。

而 PET-CT，成功将 PET 与 CT 融合，并实现了取长补短。

王 超／联影医疗分子影像事业部总裁

如果拿一棵树来做比方的话，做 CT 扫查，我们可以看到整个树干的情况，还有大的树枝的情况。而做 PET 扫查，我们就可以看到树叶是不是还很健康，它是黄的还是绿的？或者它已经枯萎了。

PET-CT 所获得的图像，既有精细的解剖结构关系，又有丰富的代谢功能信息，能在病灶尚未出现结构变异，而仅仅发生功能轻微改变时，就提前发出预警。

石洪成／复旦大学附属中山医院核医学科主任

对于 CT 或者磁共振来讲，它是一个钓鱼式的打法。当我们把鱼钩甩在这个地方的时候，鱼咬钩了，我们说下面有鱼。但如果鱼没有咬钩，我们能说没有鱼吗？而核医学不一样，它是撒了一张网下去，而且网眼很小，无论大鱼还是小鱼都一网打尽。这就是两者之间的差异。

核医学科注射室，护士正在为即将做 PET-CT 扫描的患者注射药剂。与注射其他药剂不同，护士是隔着墙双手通过两扇小窗来操作的，并且药剂被装在一只钨合金的防护套内。原来，这是一种放射性药物，被称为“示踪剂”。

人体需要葡萄糖、蛋白质等营养物质来维持生命，示踪剂就是将营养物质标记上放射性元素的一种特殊药剂。示踪剂注入人体后，会通过静脉血管流经全身，同时会在肿瘤细胞附近大量聚集。

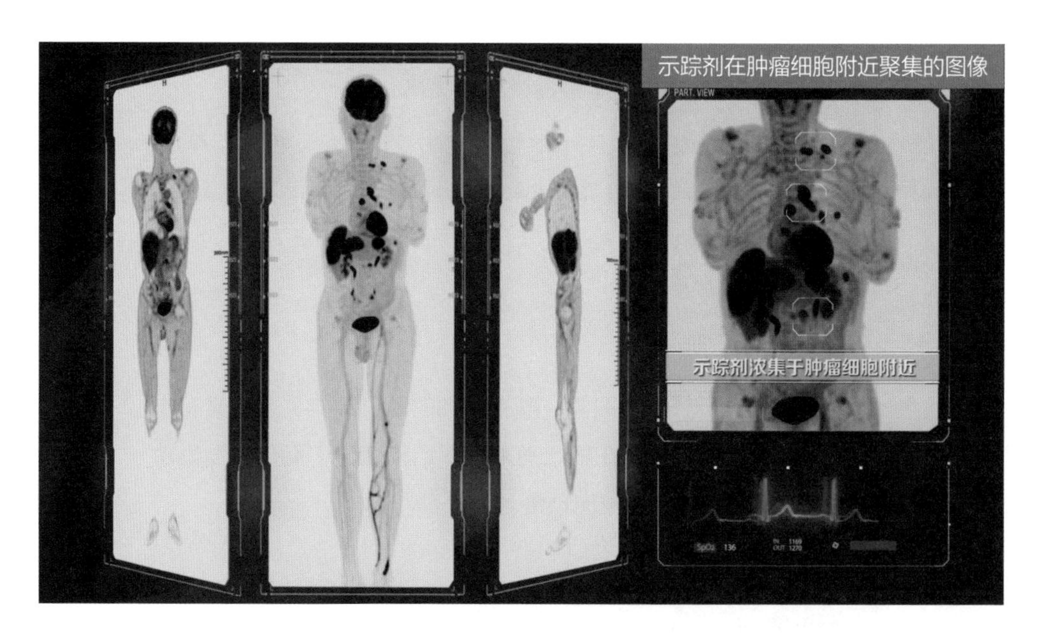

程登峰／复旦大学附属中山医院核医学科研究员

肿瘤细胞要生存、生长，它的能量来自哪里？来自葡萄糖。相对于正常细胞来说，肿瘤细胞对葡萄糖的吸收会更旺盛，因此，示踪剂就会在肿瘤细胞附近大量聚集。

PET-CT 正是通过对示踪剂浓集状态的影像显示，给临床医生提供科学直观的依据。然而传统的PET-CT 受机身长度的影响，并不能一次覆盖全身。

刘伟平／

联影医疗分子影像事业部项目经理

传统的 PET-CT，轴向视野只有 15~30 厘米，所以必须分床位来扫描，比如先扫头部，然后扫肺部，再扫腹部，一床一床地下来，扫描速度当然就受影响了。

分床扫描带来的问题是，扫描时间要长达 20~30 分钟，患者因此要被注射较高剂量的示踪剂。而示踪剂含有对人体有害的放射性物质，所以像孕妇、儿童等人群就被排除在这项检查之外。

现在，注射了示踪剂的患者，被缓缓送入“探索者”深邃的孔腔。深邃，正是“探索者”在外观上与传统 PET-CT 最显著的区别。孔腔长度由原来 15~30 厘米扩展到 2 米，能容纳整个人体进入孔腔，一次完成全身扫描，并且扫描时间最短仅为 30 秒，因此，示踪剂的注射剂量最低可降至传统 PET-CT 的 1/40。这样，母婴和青少年人群也能接受这项检查了。

陈曙光／

复旦大学附属中山医院核医学科副主任技师

两米 PET-CT 全称为“全身视野动态 PET-CT”，它颠覆了传统 PET-CT 的信号采集模式，是非常有效的具有未来前瞻性的医学影像装备。

扫描即将开始，“探索者”将以短短30秒时间，全程捕获示踪剂在人体内流动、扩散、被组织摄取并代谢的完整信息，获得包含诸多细节在内的全身影像。那么，让患者备感恐惧的肿瘤细胞，到底隐藏在他身体的哪个角落呢？

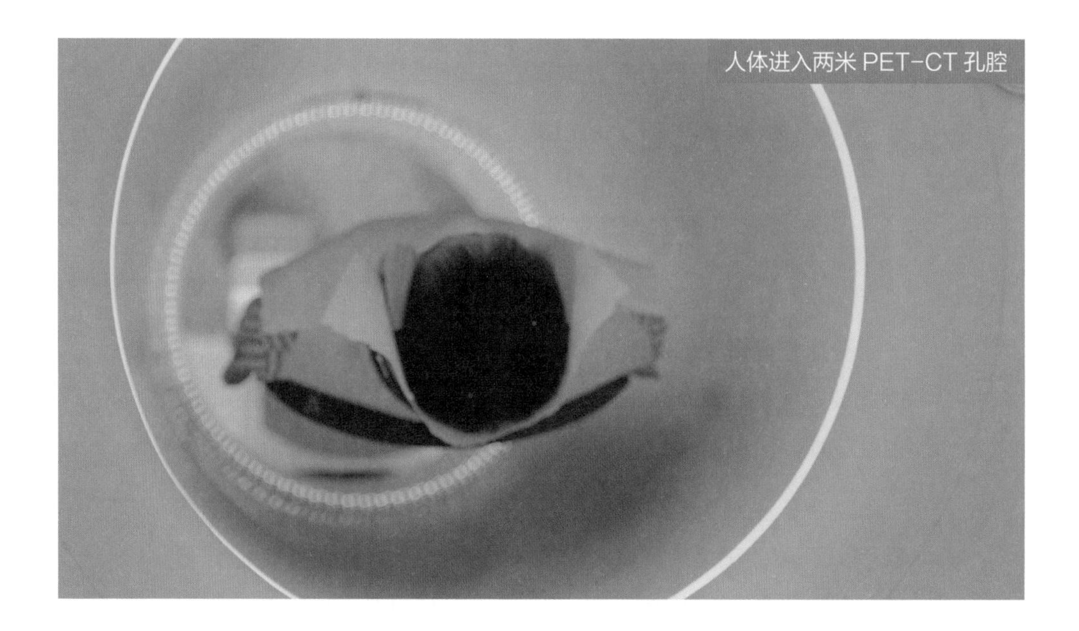
人体进入两米PET-CT孔腔

02-2

大部分人都有过到医院抽血、验血的经历。以抽血这一最小的创伤代价，来获取机体内部的隐秘信息，如血糖是否偏高，体内是否有炎症，是否存在肿瘤先兆等，以便携手医生，共同击退病魔。

然而，不同的血检项目需要用不同的仪器设备，人们因此要被抽取数管血液并等待较长时间，才能获得期待中的验血报告单。不过现在，这个现象正在被打破。

此时，“太行”已进入备战状态，准备迎接第一批待检血液样本。罗燕萍无比信任这个搭档，因为没有人比她更清楚，这些来自不同人体的血液，将经历怎样一段旅程。

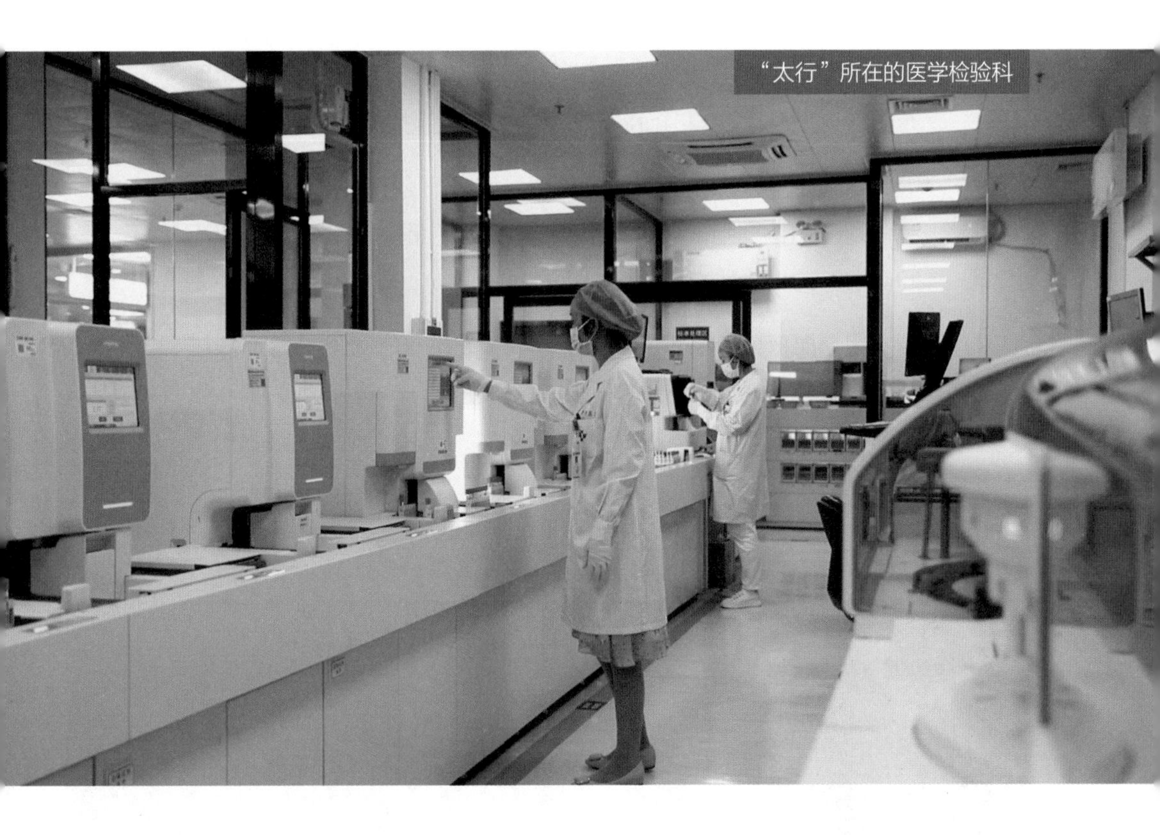

“太行”所在的医学检验科

“太行”外形并不大，却由 6 万多个精密零部件构成。它就像一座微型的智能血检工厂，高效精确地检验样本中血细胞的数量、形态和蛋白含量是否正常。隐藏在血液中的“变异份子”，若想在“太行”蒙混过关，绝非易事。

装有待检血液样本的试管，已经抵达“太行”的出入口。“太行”由5个全自动化站点组成，第一站，是血常规检验站。首先迎接试管的是“混匀”机械手。通过反复颠倒混匀，防止血细胞分层，确保血检的准确性。

对红细胞、白细胞和血小板进行定量检测，是血常规检验的三大重要指标检测。如果红细胞数量异常，说明它的主人可能患有贫血症。如果白细胞数量或形态异常，说明它的主人体内可能有炎症，甚至可能与白血病等血液疾病挂上钩。

但问题是，人体血液成分庞杂，仅白细胞就包含淋巴细胞、单核细胞和粒细胞三大类。那么，“太行”是如何精确测算出不同血细胞的具体数量及其百分比的呢？

这个血液分流装置叫“分血阀”，它的任务是对待检血液进行分流。分流后的血液分别进入5个反应池，与不同的试剂发生化学反应，不需要检测的成分被消融掉，而需要检测的细胞类型则被保留下来。

“太行”血常规检验站的反应池

当不同类型的血细胞分别从 5 个反应池里出来后，在激光照射下，经过荧光染色的不同血细胞会发出不同强度的荧光。这样，当它们依次进入检测通道时，检验站就能对它们逐个计数和检测形态了。经过智能算法，血细胞被分成不同的群落，直观地呈现于三维立体空间中。

然而，就在计数临近尾声、血常规检验即将结束之际，警报声突然响起：白细胞分类异常，出现原始细胞！果然，原本呈现正常细胞群落的三维空间里，诡异地出现了一个异常细胞群落——原始细胞。这，是怎么回事呢？

人体的每个血细胞，都是由最初的造血干细胞，慢慢分化成原始细胞，再分化成白细胞、红细胞和血小板。正常情况下，人体血液里应该都是成熟细胞，如果出现过多的原始细胞，意味着血液主人的健康可能出了问题。

这些可疑细胞所在的血液样本，被列为疑似病变对象，它们将被送往另一个特殊站点——推片染色复检站，等待进一步的检查。那么，这个莫名出现原始细胞的可疑血液样本，究竟暗藏怎样的隐秘信息呢？

“太行”内部

02-3

距离深圳 1940 千米外的北京，术前的各项准备，正在紧张而有序地进行，患者已被实施局部麻醉。

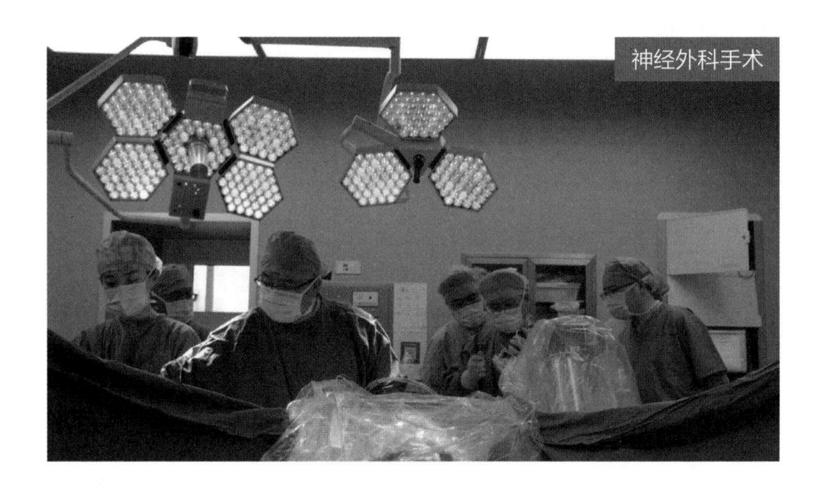
神经外科手术

帕金森病是一种多发于中老年人的神经系统迟行性疾病，与大脑中分泌多巴胺的神经元的凋亡有关，主要症状为手脚震颤、身体僵直或运动迟缓，患者的身体无法完成大脑发出的指令。

王　劲／时任清华长庚医院副院长

以往在临床上，我们治疗帕金森病的手段非常有限，可以给病人一些左旋多巴的药物。一开始效果还是不错的，但是过了几年，病人都会出现耐药性，就得加大药物剂量。但是一加大药物剂量，副作用就出来了。所以这个时候，病人急需一种新的治疗方法，来提升他们的生活质量。

即将展开的这场脑深部电刺激术，又称“脑起搏器”治疗。此时，“睿米”神经外科手术机器人已经整装待命。术中，将由它来对患者颅内一个叫“丘脑底核”的神经核团进行空间定位，协助医生将电极植入核团。

大脑，堪称是生命的“禁区”。手术操作中任何一个微小的失误，都可能触碰到大脑的关键功能区，造成瘫痪、痴呆、语言功能障碍等并发症。

赵德鹏／北京柏惠维康科技股份有限公司产品总监

手术中如果碰触到病兆区以外的正常脑组织，就会带来比较大的“医源性伤害”，手术的收益比可能并不能达到我们的预期。

在术前，医生根据 CT 和磁共振所提供的患者颅脑三维立体图像，找到丘脑底核的准确坐标位置，也就是确定手术的“靶点”。然而，“入颅点”位置的确定，同样至关重要，因为要从颅脑外部抵达颅内“靶点”，只能走直线。遵循手术路径避开大脑关键功能区的原则，医生确定最终的“入颅点”，这就是手术路径规划。

那么，有了完美的手术路径规划，如何去精准执行手术呢？

“睿米”，由光学摄像头、机械臂和计算机控制系统 3 个部分组成。光学摄像头相当于它的“眼睛”，通过双目立体视觉成像技术，捕获患者在手术场景中的空间坐标位置。机械臂犹如它的“手臂”，负责执行手术。而计算机控制系统则是“大脑”，根据“眼睛”所观察到的空间坐标信息，追踪“靶点”，控制“手臂”实施精准的手术。

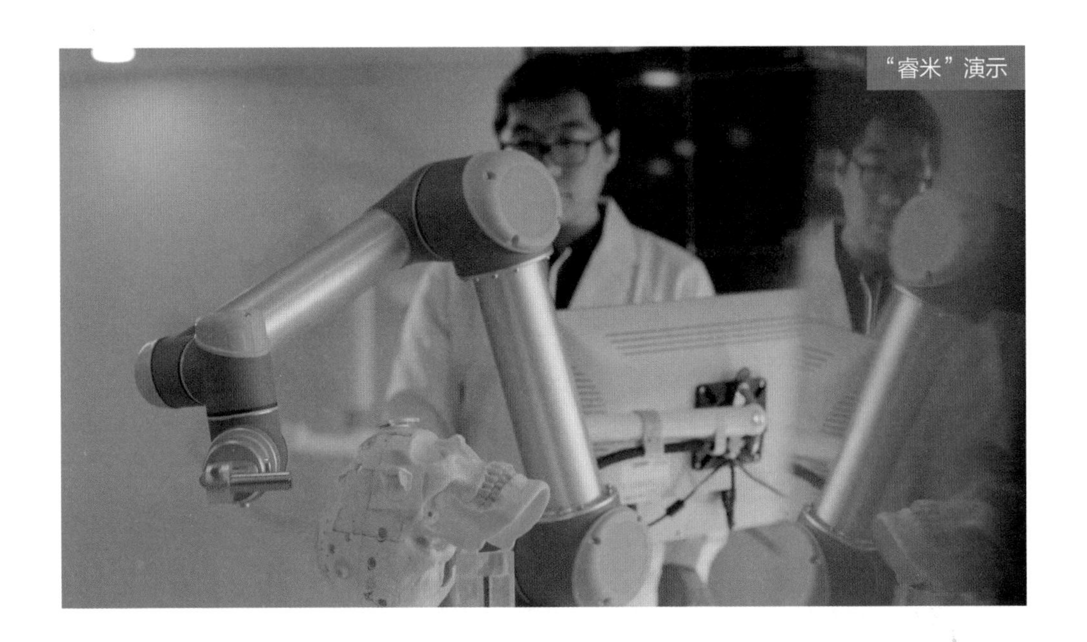
“睿米”演示

于炎冰

主任医师、教授、博导，
中日友好医院神经外科主任

把我们的想法、想达到的预期，输入机器里，再把一些客观的指标，也输入机器里，机器就会自动计算哪儿最捷径，给我们提示，我们据此来确立“靶点”。然后机器再帮我们精准定位“靶点”，这是一个“人机共享”完成手术的过程。

然而，大脑包含约一千亿个神经元，结构复杂。脑外科手术，也是所有手术中操作难度最大的手术。由于生理极限所致，人类的手部动作精度误差，通常在 1.5 毫米左右，而要在只有 4 毫米直径的丘脑底核内，植入 1.3 毫米直径的电极，精度误差必须控制在 0.5 毫米以内。更何况，还是在人的裸眼不可见的微创条件下实施手术，难度可想而知。

胡小吾／长海医院神经外科主任医师

电极一定要插到我们要刺激的核团里，如果插偏了，可能效果不好，还可能产生副作用，所以定位一定要准。

要让电极准确命中“靶心”，首先要对“睿米”本身的精度提出严苛要求。由于零件本身存在机械误差，如何做到执行千百次相同指令后运行轨迹依旧丝毫不差？又如何确保每次的术中定位精度都控制在 0.5 毫米以内呢？

“睿米”制造园区内，工程师正在为机械臂做激光标定测试。计算机在现实空间里设定一个坐标点，并将坐标点的信息传输给机械臂，机械臂根据指令，去寻找坐标点，同时，高精度激光仪对机械臂的运动轨迹进行跟踪和计算，一旦发现精度偏差，立即进行校准。通过对同一坐标点重复多次的标定测试，机械臂实现了在手术中的定位精度。

“睿米”标定测试

人的眼睛看到目标物后，会反馈给大脑。大脑融合后，给手下达指令。手就会到指定位置完成指令，这就是手、眼、脑的深度融合。

赵德鹏／北京柏惠维康科技股份有限公司产品总监

人是有生理极限的，你的精细化程度肯定达不到机器人的水平。而且长时间的手术之后，你的疲劳、情绪变化等会导致精准水平的下降。

机器人当然不会受这些因素的影响，但它能否达到人类的手、眼、脑深度融合的状态呢?

完成机械臂的精度校准后，还要对组装完成的整机进行同样的标定测试。“找点”实验要完成 3000 多次，几乎涵盖机械臂所能达到的全部运动范围。通过核心算法找到最佳数值，固化后再模拟手术，验证“睿米”的手、眼、脑是否已深度融合，确保每台手术都能达到均质化和标准化。

刘　达／北京柏惠维康科技股份有限公司创始人兼董事长

大脑是人体结构最复杂的一个部位，脑外科手术的精准就代表着安全。机器人是一个自动化设备，把原来需要医生手工完成的工作，变成一个自动化过程，手术效率也会进一步提高。

手术室内，“睿米”已经裹上消毒薄膜，正按照医生规划的从“入颅点”到“靶点”的手术路径进行走位。机械臂走行到位后，插入探针，探针精准抵达“靶点”，术中空间定位顺利完成。

03-1

上海中山医院核医学科，“探索者”的扫描开始了。虽然患者全身被深邃的腔体所包裹，但孔腔内人性化设计的环状光带，使他逐渐放松。

从 15~30 厘米扩展到 2 米，表面上看，只是长度改变。而实际上，实现它却花了 18 年时间。那么，这看似一步之遥的距离，为什么却如此漫长呢？

作为世界首台能一次完成全身扫描的 PET-CT，长达 1.94 米的探测器是它最核心的部件。这个呈 360 度环绕的环状探测器，由多个模块构成，而每个模块又由多组晶体构成。因此，探测器并非只是简单的身体拉长，而是长出了密集的“眼睛”。

“探索者”制造车间

安少辉 / 联影医疗分子影像事业部副总裁

探测器相当于PET-CT的眼睛，能精确地捕捉到人体发出的看不见的射线。接收到射线后，它会发出一种微弱的光，通过一个光电转换的器件，把这种微弱的光转换成电信号。

在有限的空间里，每只“眼睛”所占的体积越小，“眼睛”的总数量就越多。“眼睛”越多，看到的信息就越多，探测到的细节就越丰富，图像分辨率也就越高。那么，这些神秘的“眼睛”，是如何被制造出来的呢？

长晶炉

这里是神秘的晶体工厂，一排排充满科幻感、形似克隆仓的机柜，其实是长晶炉。特殊配方的晶体原材料，在炉内2000多摄氏度高温下融化为液态。充当晶种的一小块晶体，被放置在液面里。随着晶种向上拉升，附着在晶种表面的液态物质离开液面暴露在空气中，骤降的温度使液态物质在晶种表面形成结晶。随着晶种不断旋转和拉升，结晶越来越多，晶体越长越大，最终长成一块饱满硕大的晶体圆柱。

数小时的精心研磨、表面腐蚀和损伤清除，全自动贴膜机为它贴上特殊反光膜，以减少光能损耗。独创的“蜂眼切割技术”，以一道道细密如发丝的金刚石线，缓慢而坚毅地切过晶体，将它切割成毫米级厚度的晶体阵列，最终，获得高反射、无瑕疵的单根晶体。

安少辉／联影医疗分子影像事业部副总裁

50 多万根晶体，相当于 50 多万双眼睛，不停地接收人体发出的射线，并对每一条射线做记录。用一双眼睛去看的话，只是从一个角度获取了一幅图像，但是 50 多万根晶体围绕着人体，就可以全方位、多角度、高灵敏度地捕捉射线，图像的清晰度和对比度就要高很多。

56 万根晶莹剔透的晶体，在孔腔内壁环绕 600 多圈，每一圈有近千根晶体。这些晶体组成 24 个探测模块，模块再组成 8 个 PET 单元。所有的模块必须精准无误地组装到一起，以确保 56 万根晶体所形成的近千亿根探测线，能准确无误地探测信号，一次完成对人体的全身扫描。

顾建英／临床医学专家、复旦大学附属中山医院教授、博士生导师、党委书记

原来的扫描设备，可能 1 厘米以上的病灶才能被扫描到。而两米 PET-CT 在病灶仅为 3 毫米时就能发现它。更短的时间，更少的辐射，使患者获得了更精准的诊断。

探测模块安装

“探索者”的探测器总长度是传统 PET 的 8 倍，理论上探测效率应该提高 8 倍，但实际上，由于 8 个探测环紧密相连，且相邻探测环的探测范围存在交叠，因此，探测灵敏度实际达到了传统 PET 的 40 倍。

刘伟平／联影医疗分子影像事业部项目经理

这意味着，“探索者”同时要处理的数据量是传统 PET 的 40 倍，有将近一千亿个采集通道，所以它的重建的数据量是传统 PET 的 100 倍。

此刻，“探索者”的中央计算机系统，正在掀起一场数据的风暴。在这个隐秘王国里，每秒钟都会产生惊人的数据量。为了保证海量数据的高速处理，系统采取分布式数据采集和高性能重建集群，大幅提升了信息通行效率。

“探索者”计算机内部

王 超

联影医疗分子影像事业部总裁

从 20 多厘米增加到两米，大家可能认为多做一些探测器就解决问题了，但实际并不是。探测器环变宽之后，要把不同的探测器单元之间的数据收集起来，这是一个几何级数的增长。

借助高速光纤采集网络和最优内存管理，解决了 40 倍灵敏度、100 倍计算量所带来的巨大挑战，确保“探索者”以最高速度完成对人体全身的高清图像重现。

现在，在 56 万根晶体所组成的锐利之眼的凝视下，示踪剂的“魑魅阴影”，正沿着静脉血管缓缓流动，在患者身体的各个部位聚合、离散，凸显着各个脏器的形状。

胡鹏程

复旦大学附属中山医院核医学科副主任医师

随着时间的推移，我们可以看到患者的肝脏部位，有一个明显的病灶逐步显现。

通过对患者在不同时间点肝脏摄取示踪剂的数据进行测量，同时将高清图像输出，临床医生就能根据图像，对疾病作出诊断，并制定相应的治疗方案。

03-2

深圳罗湖人民医院检验科，面对血常规分析站发出的紧急警报，高效而智能的“太行”启动了双线作业模式：将可疑试管中的部分血液送往推片染色复检站进行复检，另一部分则分配到下一站——CRP 分析站。

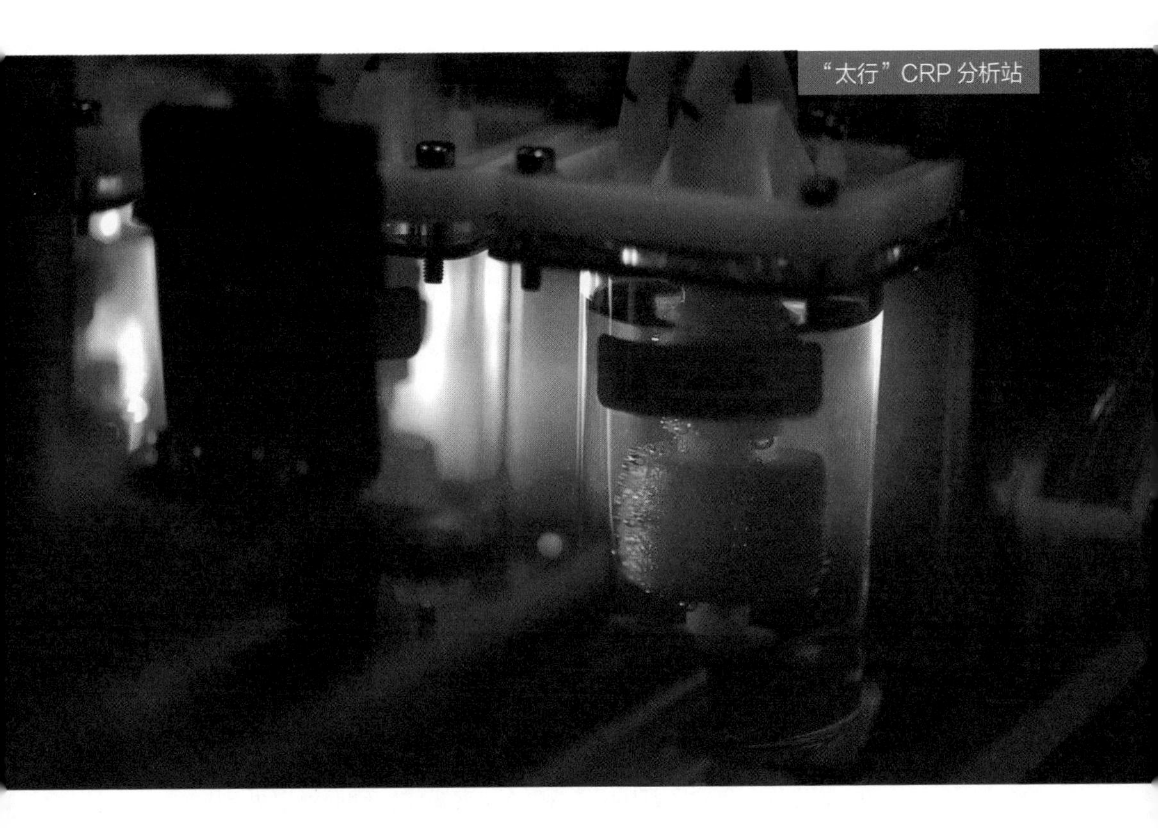
“太行”CRP 分析站

CRP 是常见的急性期蛋白。健康人体中的 CRP 含量通常很低，只有当人体受到炎症感染、外伤、手术创伤或恶性肿瘤时，CRP 指标才会升高。

待检血液进入了反应池，一种叫“LC 溶血剂”的化学试剂也接踵而至。它的任务是，把血液中的血细胞全部裂解掉，以消除血细胞对检测过程的干扰。紧接着，乳胶试剂被注入反应池。乳胶试剂会与血液中的 CRP 发生反应，从而使反应液产生一定的浊度。CRP 分析站正是根据浊度，来检测血液中的 CRP 指标。

反应液渐渐浑浊起来，说明血液中 CRP 指标偏高，这意味着血液主人的体内有炎症。不过，光检测出有炎症还不够，还得弄明白炎症是由细菌感染所致，还是由病毒感染引起的。

随着时间的推移，反应液的浊度不再继续变化，浊度固定了下来。CRP 分析站根据浊度检测出 CRP 的浓度，继而分析是细菌感染还是病毒感染导致了炎症。而医生将参考 CRP 分析站的检测报告，对症下药。

此时此刻，因异常报警被送往推片染色复检站的可疑血细胞们，又将迎来怎样的旅程呢？推片机是复检站的当家主角，它的任务是将异常血液样本制作成适合显微镜观察的“血涂片”。

而在推片机问世之前，制作血涂片通常采取“人工推片”的方式。人工推片是指检验医师在一小片洁净的玻片上滴一滴血，再用另一片洁净的玻片，以 35~40 度不等的角度进行推片和染色，制成血涂片，供显微镜做镜检。

但人工推片全凭医师的直觉和经验来操作，因此难以做到标准化，甚至可能导致医生在做显微镜观察时，得出错误的结论。

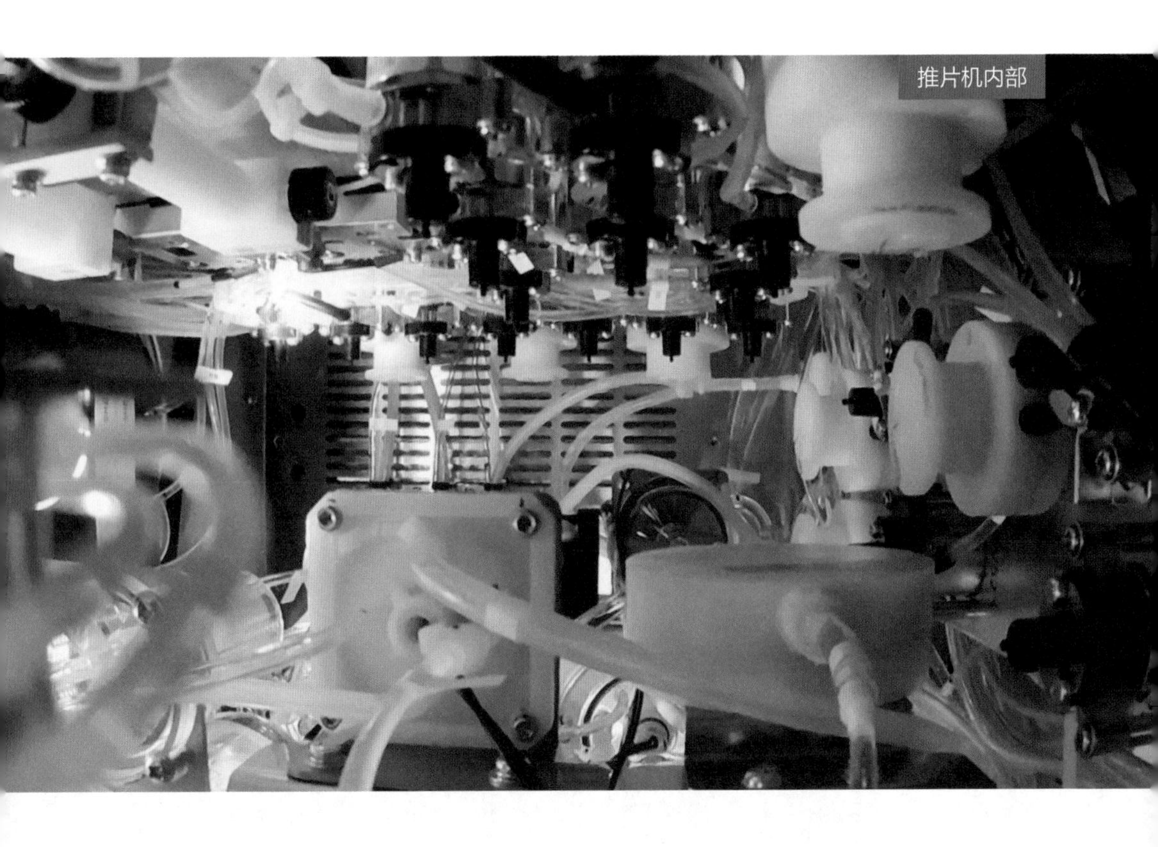
推片机内部

推片机将改变这一切。在推片染色复检站，一滴血被滴到印有血液主人身份信息的玻片上，推片机将依据血液黏稠度指标及相关参数，通过智能算法，由机械手操作蓝宝石刮刀，以最适合的推片角度、推片速度和力度，完成精准的推片。

李朝阳／迈瑞医疗技术研究院院长

推片机模块，有将近16000个零件，封闭在这么小的一个空间里。为了让16000个零件有效运作起来，我们提炼出来的参数指标，就达到10万个以上。

完成推片后，再经过染色、清洗、干燥等一系列标准化流程，一片完美的血涂片就诞生了。随后，这片涂有可疑原始细胞的血涂片，将被送往阅片机进行阅片。

在高精密运动控制系统的配合下，“太行”阅片机对血涂片分别进行 10 倍率和 100 倍率的显微镜扫描拍摄，并将原始细胞单独列出和放大。最终，由临床医生依据阅片机提供的图片作出诊断：血液样本的主人很可能患有急性淋巴细胞白血病。

罗燕萍／**罗湖医院集团医学检验中心**

自动复片，自动复查，同时还自动阅片，对血液疾病或异常细胞的漏检率，就会大大降低。

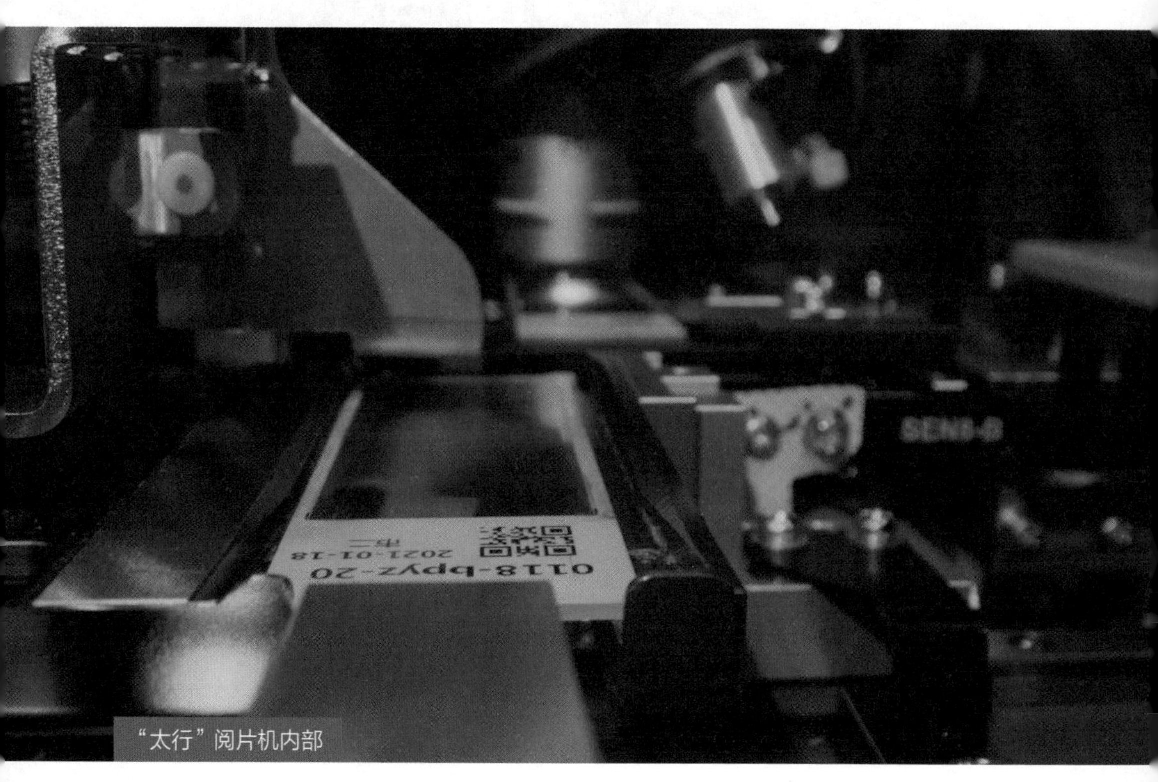

“太行”阅片机内部

原来，这些可疑血细胞并非是一场虚惊，而是一次非常及时的预警。

现在，完成了全部旅程的血液样本，正沿外轨道返回出入口，这就是试管在“太行”流水线所经历的全部过程。而“太行”，每小时可接纳 1000 支这样的试管，并且检验准确率达到 95% 以上。

也正因为如此，罗燕萍所在的检验医师团队，只需要抽取患者一管血，并且只要 30 分钟，就能把一份完整且准确的验血报告单交到患者手里，为医生的诊疗决策，提供科学依据。

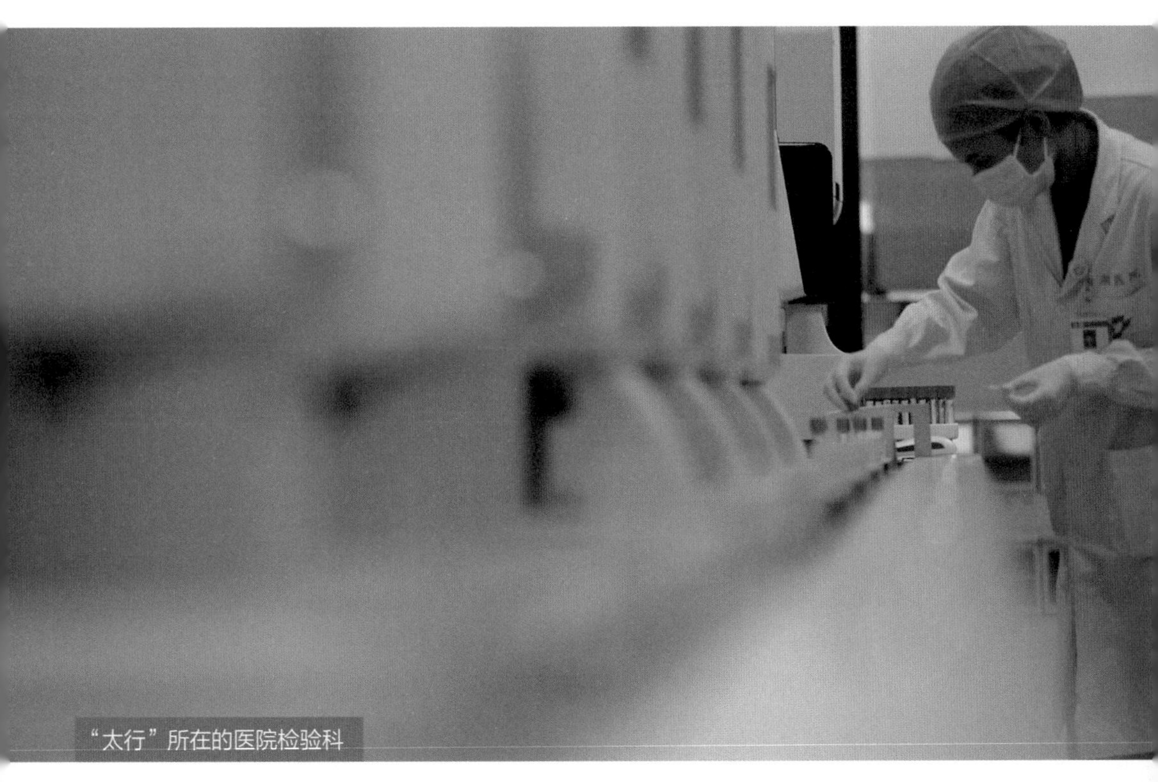

“太行”所在的医院检验科

03-3

在神经外科手术室里，脑起搏器植入手术正在紧张进行中。医生将把两枚精细柔软的电极，植入帕金森病患者的丘脑底核，通过电刺激的方式，对病变神经元实行调控和治疗，改善症状。

李路明／
清华大学教授，清华脑起搏器科研带头人，神经调控国家工程研究中心主任

人体所有的生理活动都和大脑有关，我们可以通过调控神经系统，来干预人的生理活动。那么像帕金森病，我们是不是可以通过调控与大脑功能相关的环路或者特定的靶点，来改善疾病症状，提高患者的生活质量呢？

脑起搏器，由电极、延长导线和脉冲发生器 3 个部分组成。脉冲发生器负责发送电脉冲信号，延长导线将脉冲信号传输给电极，电极则通过释放脉冲信号到丘脑底核，抑制和调节异常的神经活动。

胡小吾／
长海医院神经外科主任医师

把电极插到异常放电的神经核团内，干扰它原来的不正常的放电，使它的放电“改邪归正”。尽管手术并不一定能让脑子里的多巴胺增加，但却促使大脑的放电动力学变得正常，同样可以消除或缓解帕金森病症状。

在神经调控国家工程研究中心，一场“飞秒激光”切割活动就要展开。由于电极要在人体内连续工作 10 年以上，一旦出现故障，患者将面临再次手术更换电极的风险，因此对电极的材料、制造工艺和技术参数，提出了极高的要求。

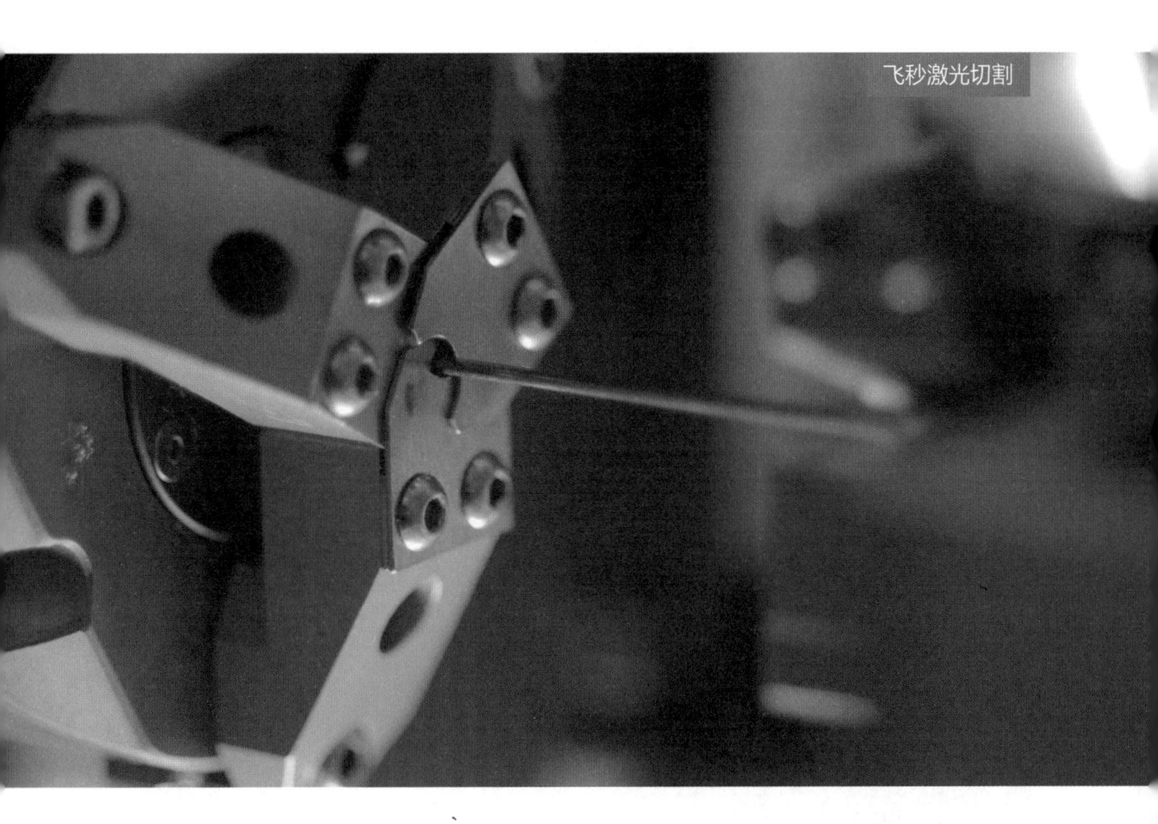
飞秒激光切割

电极的 4 个触点，由铂铱合金构成。采用“飞秒激光”切割法，目的是防止切割过程中产生毛刺。毛刺只有在显微镜下才能看到，裸眼很难发现，一旦植入人体，可能造成导线割断、局部放电和短路，甚至危及患者的生命安全。

许 扶／

北京品驰医疗设备有限公司工程部经理

电极要从脑组织中间穿过去，如果表面不光滑，毛刺就可能会刺破微小的血管，造成颅内出血。所以在生产过程中，一定要确保电极表面没有毛刺。

而电极触点的焊接最怕“虚焊”，因为虚焊会使脉冲信号时断时续。虚焊的电极一旦植入人体，可能导致信号失序，因此必须采用高倍率显微镜，对每个焊点实行吹毛求疵的严苛检验。

手术室的气氛依旧静谧而紧张。电极已被精准植入患者的丘脑底核，接下来，令人期待的一刻到了。医生要对电极通电并调节脉冲参数，以验证电极是否对患者有效。

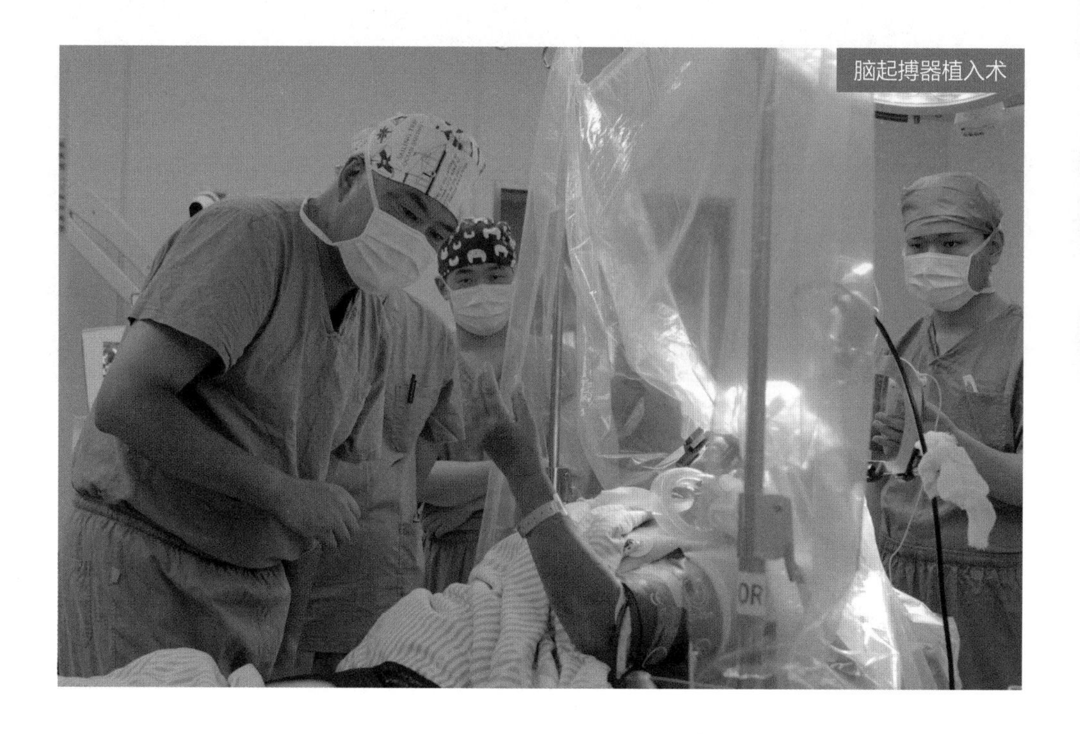

脑起搏器植入术

随着电脉冲信号参数的细致调节，患者的手臂渐渐停止了颤抖，手掌也能自主张握了，说明电刺激对患者有效，医生悬着的心也终于落下。

脑起搏器生产园区内，随着纺锤快速利落的机械运动，48 根直径仅为 0.04 毫米、比人类头发丝更细的金属丝正在被编织。

姜长青
清华大学航天航空学院 神经调控国家工程研究中心副研究员

以往的脑起搏器，会跟磁共振成像里面的电磁场相互作用，植入那种脑起搏器的患者，就不能扫磁共振。而磁共振是一种非常常见的诊断方法，人体能通过影像来诊断的 50 多种疾病里，有 40 多种疾病需要用磁共振成像方法来诊断。所以，如果不能做磁共振的话，对患者的疾病诊断是非常不利的。

而正在编织的金属丝网，会把延长导线包裹在其中，这就像给孕妇穿上防辐射服。植入脑起搏器后，患者不仅能在电磁环境中正常生活，还能照常做磁共振，清华脑起搏器也由此成为达到 3.0T 磁共振扫描安全要求的植入式医疗装备。

延长导线编织

然而，作为电极和脉冲发生器的连接装置，延长导线要穿过人体活动较为频繁的颈部，导线能否承受患者超过 10 年的颈部运动所带来的弯折和扭拉呢？为此，导线必须经受数十万次甚至上百万次的疲劳试验，才能保证它植入人体后的安全、稳定和可靠。

手术室里，延长导线与电极的连接已告成功。接下来，医生将在患者的胸前皮下植入脑起搏器的最后一个装置——脉冲发生器。

李路明／清华大学教授，清华脑起搏器科研带头人，神经调控国家工程研究中心主任

大脑，是我们人体最最精密、最最宝贵的一个器官。要把大脑打两个孔，把我们的电极植入大脑，而电极要在颅内工作10年以上，这对于任何一个人来说都是战战兢兢的。如果我们的亲人、我们的父母要用这个设备的话，你放心不放心？正是本着这么一个态度，我们力争把技术做到极致。

脉冲发生器将要在人体内连续工作10年以上，如果不能做到百分百密封，人的体液、血液就会侵入电池，不仅造成电池爆裂、设备损坏，泄漏的电池还会对人体造成伤害，该如何规避这可怕的风险呢？

组装完成的精密零部件，被装入由钛金属制成的“钛壳”内。焊接技师小心翼翼地将钛壳放入密封箱，准备展开焊接。而鲜为人知的是，充盈在箱内的气体并非普通空气，而是惰性气体。

如果在自然环境下焊接，焊缝处就会有氧气和水蒸气侵入，不仅焊缝容易氧化，钛壳内部也可能受潮霉变。而在惰性气体环境中焊接，不仅焊缝紧密，还起到了防潮、防氧化作用。

许 扶／北京品驰医疗设备有限公司工程部经理

用惰性气体来焊接，最大的好处就是钛壳内部也充满惰性气体，这样就能更好地保证脉冲发生器的稳定性。

不仅如此，脉冲发生器还突破了传统脑起搏器每隔 4~6 年患者必须再次手术更换电池的缺陷，实现了体外无线充电。

手术进入尾声，埋入胸前皮下的脉冲发生器与延长导线的连接顺利完成。4 小时的手术，重量仅 37 克的清华脑起搏器，将彻底改变饱受煎熬的帕金森病患者的未来人生。

04

从观测人体内部的“哈勃望远镜”两米 PET-CT“探索者”，到智能高效的血液检验工厂“太行”，从直击病灶“靶心”的“睿米”神经外科手术机器人，到融合各项关键技术的清华脑起搏器，尖端医疗装备的问世，正不断揭开生命科学的奥秘，不仅帮助人们探知更早期的病变信号，更为医学向未来微创和无创的精准化医疗方向发展，提供了无限的可能。

彩蛋

李朝阳 /

迈瑞医疗技术研究院院长

做医疗设备快30年了，我们一直在思考，我们对这个社会到底有什么贡献，我们的意义在哪里？

张 强 /

联影医疗董事长兼首席执行官

很长时间以来，中国在医学影像尖端装备方面，基本都依靠进口。价格贵，老百姓用不起。

顾建英 /

临床医学专家、复旦大学附属中山医院教授、博士生导师、党委书记

国产尖端医疗装备问世后，也是从另一个层面促使国际上的高端设备降价。当然国产高端装备也可以输出到国外，让我们的医疗装备和技术的进步，能够辐射到全人类。

张 强 /

联影医疗董事长兼首席执行官

在这个行业里待了很长时间，我们一直感觉医疗装备是有生命的，因为它直接用于病人身上，我们对它往往有着一种情感上的依赖。

李路明 /

清华大学教授，清华脑起搏器科研带头人，神经调控国家工程研究中心主任

我们看不到它，它在患者体内，但是它和患者的生命息息相关。这中间，融入了所有过程中我们研发人员、生产人员的心血。

刘 达 /

北京柏惠维康科技股份有限公司创始人兼董事长

经历了三代人，前后有26年。接力棒传到我这儿，我觉得有责任通过技术的变革，能够帮助更多的患者，减轻他们的痛苦。

徐 勇 /

时任深圳市第二人民医院党委书记

医学，不是一门冷冰冰的科学，而是更多的医学人文的关怀。医患是共情的，因为他们有一个共同的敌人，就是疾病。医患共情，说到底就是“爱人”，“仁即爱人”，这是孔子说的。

第三集　机甲力士

韩　晶

01

天刚蒙蒙亮，中国江苏连云港石化基地，一件大事将要在此发生。造价高昂且体积巨大的减压蒸馏塔，即将被起吊。

减压蒸馏塔，是石油化工厂至关重要的核心部件。它长58米，直径7米，加上附具重达1600吨，相当于6架空客A380飞机的重量总和。它将被起吊到10层楼高的固定安装位置，任何微小的闪失，都可能造成不可挽回的损失甚至人员的伤亡。那么，谁能担此吊装重任呢？

减压蒸馏塔
XCMG

最大起吊高度216米，最大起重能力3600吨，相当于可一次将60节高铁车厢起吊到72层楼的高度。它，就是当今世界上起重能力最强大的履带式起重装备——四千吨级履带式起重机。

四千吨级履带式起重机

从连云港向南，420千米外的上海长兴岛，一艘巨轮正面临一场极限考试：将一艘重达13200吨、相当于埃菲尔铁塔加12架空客A380飞机总重量的驳船，吊离水面。而这个起重量，是它额定最大起重量的1.1倍。毫无疑问，这是一场“自虐式”的超负荷考试。

它自重超 8 万吨，船体长 300 米，宽 58 米，甲板面积相当于两个半标准足球场。它具有无限航区航行能力，加满油可绕地球一周半。当今世界上最大的跨海大桥港珠澳大桥的海底沉管，就是由它参与吊装完成的。它，就是被誉为“海上大力士”的全球单臂起吊能力最大的海上起重船——振华 30 号。

振华 30 号

由上海长兴岛南下 860 千米，素有中国东南沿海“田园都市”之称的福建漳州，福厦高速铁路的建设正在火热进行。

福厦高铁是福建省境内第二条高速铁路，建成后高铁时速为350千米。不过，这条连接福州与漳州、全长仅300千米的铁路，却要经过85座桥和33个隧道，桥隧比高达84.3%，而它的建设周期仅仅只有60个月。那么，什么装备才能完成这项复杂而又工期紧迫的任务呢？

以91米长、20米宽、680吨自重的巨大身量，携手槽型车身设计、配置224个车轮和激光雷达自动驾驶的“机器侠侣”，轻松架起千吨重的混凝土预制箱梁。仅需12天，就能建成1000米高铁桥。它，就是中国首台千吨级高铁桥架设装备——1000吨运梁车和架桥机。

千吨级高铁桥架设装备

02-1

中国经济的迅猛发展，催生国产起重装备不断迭代更新。从最初的百吨级到千吨级，再到今天的四千吨级，拥有惊人臂力的大型起重装备，正托举着中国的工业制造水平不断跃升新高度，也使得像减压蒸馏塔那样超大超重型设备的整体起吊成为可能。

连云港石化基地，四千吨级履带式起重机的吊具与减压蒸馏塔已连接到位，一切准备就绪。

四千吨级履带式起重机，自重近 6000 吨，相当于 21 架空客 A380 飞机的重量总和。臂架长 216 米，是 8 节高铁车厢的长度总和。单侧履带重 180 吨，由 105 片履带片组成，仅单片履带就重达 1.7 吨，等于一辆家用轿车的重量，是当之无愧的“超级金刚”。

此刻，减压蒸馏塔的一端被缓缓提起，60 根直径 4 厘米的钢索紧绷，每根钢索受力 35.5 吨。原本横卧姿态的减压蒸馏塔，与地面的夹角开始发生变化，25 度、40 度、75 度，直至完全竖立起来。

“超级金刚”并非横空出世，在它之前已经有一千吨、两千吨起重机。而在常人看来，四千吨不就等于按比例放大吗？

事实上，与一千吨级吊机相比，四千吨级履带式起重机的垂直起重能力，从 1000 吨提升到了 4000 吨，起重力矩增加了 6 倍，然而它的体重却只有一千吨级吊机的两倍多。那么，是什么原因使它既保持了“苗条”身材，同时又将起重力矩增加了 6 倍呢？

四千吨级履带式起重机起吊减压蒸馏塔

孙 丽／四千吨级履带起重机总设计师

设计理念跟我们原来做1000吨、2000吨起重机完全不一样了。四千吨级履带式起重机自重就有3000吨，加上前面吊的3000吨，后面还有3000吨的配重压着，加起来有1万吨。1万吨如何实现行走、转弯等，都是特别大的难题。俗话讲九九归一嘛，产品大到一定程度，我们就需要化大为小、化繁为简，所以就采用了一种模块化、平台化的设计理念。

满足三大条件：吊得起、走得动、运得出，这是设计团队定下的基调。如果只是简单地等比例放大，那么起重机的体积和自重也将成倍增加，会成为笨重得既无法移动、也无法作业的铁疙瘩，更不用说供应链能否提供配套零部件，公路能否实现运输了。

团队开始尝试从起重机以外的途径寻找解决之道，桥梁正是其中之一。拉索式大桥的桥塔多为H型或A型，也就是两条承重臂共同受力。起重机的受力模式与桥塔相似，那么，能否也采取双臂架共同承重的受力模式呢？

于是，双臂架八弦杆结构的设计方案浮出水面。不过蓝图还只是纸上谈兵，四千吨级起重机在全世界都没有模型可参考，该如何将它变为现实呢？

长达 216 米的起重机臂架，当然不可能一次加工完成。即便加工完成，也无法运出去。唯一的办法就是化整为零，分段制造。然而概念中的“化整为零”，只有到了制造车间才知道，“零”到底有多大。

臂架被分为 72 个节段，最大的节段长 12 米、宽 3.5 米、高 3 米，相当于一间 42 平方米房间的大小，这就是专属于四千吨级履带式起重机的“零”的概念。

王　晨／徐工建机行车工

大家管我们开行车的都叫“空姐”，我自己也觉得特别威风。起吊臂架节段并不像想象得那么简单，危险系数特别大，因为我们要保证被吊载物的安全、人的安全。每一个细节，翻转的力度，主钩起得多少，还有小车行走了多少，都需要你记在心里。

35000 平方米的焊接车间，一个紧挨着一个摆满臂架节段。而要完成这 72 个节段的精密焊接工作，焊工们不仅要靠心、手、眼的配合，还得仰赖聆听万籁的耳朵。

缪士超
徐工建机技能工艺师

听着焊接的声音啊，我感觉非常悦耳。我经常跟我的徒弟说，你如果能从焊接的声音里，听出它的电流、电压调节是不是正确，你就算达到了一个焊工的基本水平。

一朵朵璀璨的焊花，绽放在建造者平凡的人生里，被希望和坚毅所供养，在超级装备即将诞生的期许中，结出果实。

双臂架共同承力，解决了“吊得起”的难题；化整为零分段制造，解决了“运得出”的难题；但这还不够，“走得动”的难题又该如何破解呢？

焊工

02-2

在中国，越来越多的桥梁隧道建设、退役平台拆迁、超大模块吊装、深海能源开发及水下打捞救援等关乎国计民生的海上重型作业，催生着大型海上起重装备的不断问世，同时也对装备的起吊能力和作业精度提出了更高的要求。

上海长兴岛，振华 30 号的“超载试验”即将开始。试验包含两项内容，第一项是“全回转超载试验”。

振华 30 号鸟瞰

全回转吊载，是指起重机在 360 度全回转的状态下所进行的吊载作业。振华30号在全回转时,额定的最大起吊能力为7000吨。

而“全回转超载试验”，要把额定 7000 吨的最大吊载量乘以 1.1 倍,也就是吊载量达到7700吨。以高铁车厢60吨一节计算,等于把 128 节高铁车厢提升起来旋转半周。

季圣华／时任振华 30 号吊机长

我们知道“额定”与“超载”这两个词是不一样的,“额定”是有安全保障系数在里面的，但是“超载”，是所有的电气系统和液压系统能不能达到一个更高的“超负荷”的要求。

既然振华30号已经有了额定最大起重量,为什么还要进行1.1倍的超载试验呢?

海上作业不同于陆地，会受风浪洋流的影响。振华 30 号作为世界上最强悍的浮式起重装备，要在极端海况下完成极限吊装任务，各项性能指标能否达到最优？超载状态下构件是否安全稳定？这一切，只有通过“超载试验”才能得到验证。因此，这场“自虐式”的试验是它服役生涯中必须通过的极限考试，振华 30 号只许成功，不许失败。

振华 30 号起吊海上风电升压站

此时，充当被吊载物的试验驳船，通过向压载水舱压水的方式，使自身重量达到 7700 吨。驳船两侧各 44 根共 88 根人类小腿般粗的钢缆，与起重机主钩已连接完毕。季师傅一边观察臂架姿态，一边关注着屏幕上数据的变化。

驳船被起重机主钩缓缓吊起，逐步脱离水面。不过，吊离水面还只是完成了第一步，接下来，才是真正考验“超级金刚”腰功的时候。

“全回转吊载”的精髓，在于起重机必须一边回转一边吊载；而回转的精髓，在于底盘。

底盘自重 2200 吨，直径 42 米，约等于 9 辆家用轿车横着排成一排。如果把爪钩比作振华 30 号的 “手掌”，臂架比作“胳膊”，船体比作“腿脚”，那么，底盘就是它的“腰板”。通过“扭腰”的方式，把 7700 吨重的驳船，从船体的一侧吊到另一侧，不仅能“垂直起吊”，还能“横向挪移”。

但问题是，底盘除了要支撑起重机本身 2 万吨的自重，还必须承受驳船 7700 吨的重量，那么它如何才能负重回转呢？

总设计师严兵所面对的，是一份史无前例的设计任务。他知道，要承受前所未有的巨大载荷并进行回转，底盘轨道上的承重滚轮是关键。但滚轮的具体数量是多少？如何排布才能使每只滚轮受力均匀且磨损最少呢？

最终，690 只滚轮分两条同心轨道排布且每两只滚轮组成一个滚轮组的方案，被证明有效。它不仅解决了不同轨道上滚轮的转速差问题，滚轮与滚轮之间还能相互支撑。

在上海长兴岛，振华 30 号的底盘回转开始了。由 690 只滚轮组合而成的 345 组滚轮组，缓慢而有力地碾过轨道。在季师傅有条不紊的操作下，起重机臂架将已经吊离水面的驳船，从振华 30 号的船首位置，朝船体右侧方向开始回转。

20 分钟后，驳船被平稳吊至船体一侧，悬停几分钟后，被稳稳放置到水面上。至此，振华 30 号的“全回转超载试验”顺利过关。

全回转超载试验

02-3

中国第一条高速铁路京津城际高铁，全长 166 千米，建设它花了 3 年多时间。今天，中国的高铁路网全长已超过 40000 千米，位居全球第一。如果以建设第一条高铁的速度来建设今天所有的高铁路网，需要花费 720 年的时间。而事实上，中国人只用了 1/40 的时间就完成了这一壮举。那么，是什么让中国高铁的建设速度得到了大幅提升呢？

在福建漳州，福厦高铁九标段梁场，正午烈日下，大型龙门吊正在起吊第 114 号混凝土预制箱梁。箱梁长 40.6 米，宽 12.6 米，重 1000 吨，梁场内排成矩阵的箱梁，将源源不断地供给 8 千米外的施工现场。

高速铁路不同于公路，由于列车行驶速度快，选线首先要考虑平和直，因此高速铁路的建设，必须遇山打洞，洼地架桥。

而漳州位于中国东南低山丘陵地带，福厦高铁要跨越沟谷河流，必须筑造高耸的深基础桥墩，这样的作业环境又称“高墩地区”。

此外，由于东南沿海土地资源珍贵，为了减少侵占耕地，桥墩间距因此越来越大，传统的混凝土现浇方式已不再适应，必须采取“预制箱梁过孔架桥”的作业模式。这也使得箱梁的长度由最初 16 米、24 米，达到现在的 32 米、40 米。

胡旭东／中铁科工机械院副总工、桥隧院院长

我们国家的高铁走的是一条技术引进、吸收借鉴，然后再自主创新突破的路线，我觉得高铁建设正是我们国家发展的一个小小的缩影。

现在，第 114 号箱梁已被吊装到特制的 1000 吨运梁车上。由于沿线多隧道，受隧道高度限制，因此 1000 吨运梁车采用槽型车设计。将箱梁放置在凹槽型车架上，整车高度由此降低，便于通过隧道。同时，四纵八横的骨架结构，28 组共 224 个车轮，也有效分摊了箱梁的千吨重量。

凹槽型车架

施工现场，一项极具挑战性的“空中表演”——架桥机“过孔”，即将拉开帷幕。桥身下，桥墩与桥墩之间的空间称为“桥孔”。架桥机从这一桥墩自行移至下一桥墩的作业过程，称为“过孔”，目的是将混凝土箱梁架设到两个桥墩之上。

1000 吨架桥机，由主梁、起重小车和 5 条支腿组成。5 条支腿形态各异，具备自主行走或伸缩功能，能在已架设完成的桥面上一边前移一边架桥。

而要想在两个桥墩间架桥，架桥机首先得自己先在桥墩上站稳脚跟。因此，“过孔”的第一步是主梁前移，以便让支腿尽快站到前方的桥墩上。

但问题是，随着主梁的不断前移，架桥机前部的重量越来越大。这个离地十几米、重 680 吨的巨型机器悬空向前，若不能保持自身平衡，无异于自杀式“跳崖”。

主梁前移

李珍西/中铁科工机械院副总工、运架装备总设计师

大家一般都认为，起吊1000吨的箱梁是架桥机最危险的工况。但其实，“过孔”才是它风险最大的工况。因为它的姿态如果倾斜角度过大，就有可能会导致整机的倾覆。

那么，如何做到既能悬空跨墩，同时又能保持自身平衡不倾覆呢?

此时，两辆起重小车充当起了“配重块”的角色。它们从主梁的前方滑移至后方，为架桥机配重，维护整机平衡。

5条支腿中，位于最前端的是“前辅助支腿”。它被设计成最纤细的支腿，当主梁前移时，它以最小的重量悬挂于机臂前端，使前部悬空的架桥机整机平衡不受到影响。

刘晓宁／中铁六局丰桥公司架桥队长

前辅助支腿特别关键，它是卡控整个架桥机过孔位置的关键因素。因为两个桥墩之间距离比较远，如果前辅支腿没有放到位，就有可能导致下一步的箱梁架设出现无法“落梁”的情况。

当前辅助支腿前移到前方桥墩后，通过自动伸缩，支腿长度由原来的 8.1 米伸展到 12.23 米，直至“脚底板”牢牢踩实桥墩，成为架桥机“过孔”的第一个新支点。

刘晓宁和架桥小队紧接着的任务是，把前支腿前移到桥墩上。要承载架桥机与混凝土箱梁 1680 吨的总重量，仅凭纤细的前辅助支腿当然不行，必须前支腿到位支撑。

借助前辅助支腿这个“临时”支点，粗壮的前支腿以“溜索”方式缓缓向前滑移，直至踏上桥墩牢牢站稳，主梁前移宣告成功。

就在这时，林军杰和运梁小队驾驶着运梁车，将第 114 号混凝土箱梁运送到了现场。位于架桥机尾部的“后支腿”开始向后翻折，为运梁车腾出通道，让箱梁进入架桥机的内部空间范围。

架桥机主控室，在冯志帆的操作下，两辆起重小车共同发力，从两端抓取箱梁并向上提升，将箱梁运送到两个桥墩之间。架桥机和运梁车犹如配合默契的“机器侠侣”，精准地落梁，高效且漂亮地完成了过孔架桥的任务。

千吨级架桥机落梁

03-1

中国江苏连云港石化基地，减压蒸馏塔已被稳稳地悬吊到 92 米高空，仿佛巨大的外星飞船悬浮于空中。接下来，四千吨级履带式起重机将通过底盘回转，将蒸馏塔从空中吊移至安装槽的上方。

普通的重型起重机，一般由前车与后车两部分组成。除了由后车负责配重，前车几乎包揽一切，不仅要负责起重，还承担着吊机回转和整车移动的任务。

悬吊空中的减压蒸馏塔

四千吨级履带式起重机，也由前车与后车两部分组成。但如果也像普通起重机那样，把动力全部“吃”在前车上，那么，自重加配重再加上被吊载物，总重量超一万吨的它，势必会因为载荷过大而导致前车负担过重，不仅整车移动举步维艰，更会影响起重能力的正常发挥。该如何解决这一难题呢？

王念记／四千吨级履带起重机调试工程师

四千吨级履带式起重机在回转时，是后车推着前车走的。打个形象的比喻，就是“驴拉磨”，后车相当于“小毛驴”，前车相当于“磨盘”，就像小毛驴拉着磨盘走。

将整车动力一分为二，负责起重的6台卷扬机被安装于前车，也就是“磨盘”上；驱动吊机回转的动力系统则安装于后车，也就是“小毛驴”身上。回转时，前车只需负责起吊，由后车来驱动前车回转，就像是“驴拉磨”。如此一来，不仅起重能力得到了正常发挥，“走得动”的难题也迎刃而解了。

由后车驱动前车的吊机回转开始了。发动机高速运转，轰鸣声震耳欲聋。然而驾驶舱内却格外安静，有着14年起重机驾驶经验的李师傅正全神贯注，不能有一丝分心。

这里是神秘的半消声实验室，四面八方镶嵌的是具有吸声功能的吸声尖劈。起重机高速运转时会产生大量噪声，堪称“噪声大户”。而噪声是由振动引起的，剧烈的振动不仅会缩短材料寿命，还会对人的神经系统和心理造成伤害。

四千吨级履带式起重机的驾驶舱被安放在实验室中央，庄超正在对发动机做噪声测试。当声音传播给四周的吸声尖劈后，99% 的能量会被吸收，不会反射回来干扰测试。

万籁俱寂中，发动机被启动，巨大的轰鸣声响彻大厅。然而，驾驶舱内却截然不同，由于研制过程中降噪减震做得用心，舱内的噪声明显要比舱外小很多。

半消声实验室

庄　超
徐工研究院振动噪声实验室负责人

噪声测试的最终目的是降低作业过程中装备的噪声，避免噪声对人的健康产生影响，是对人、对环境的关怀。

发动机工作时的声源和传递路径，被准确地检测出来。设计师将根据反馈，优化设计方案，确保起重机驾驶员能在更舒适、更安全的工作环境中，集中精力去完成重型吊装任务。

作业现场，四千吨级履带式起重机强悍壮硕的底盘缓缓回转，超强合金钢滚轮缓慢而坚定地碾压底盘轨道，将减压蒸馏塔成功悬吊到安装槽的正上方。随着卷扬机的有力运行，60 根钢索紧绷，减压蒸馏塔被精准置入安装槽内，落孔大功告成。

03-2

在上海长兴岛，振华 30 号虽然首场“超载试验”顺利通过，但船长汤洪流却还不能掉以轻心。他时刻关注着各组动态数据，因为接下来的“固定吊载”超载试验，才是真正挑战“大力士”极限的重大时刻。

“固定吊载”是指起重机在船首位置起吊货物时，额定的最大吊载量为 12000 吨。而超载试验，是在额定最大吊载量的基础上再乘以 1.1 倍，也就是达到 13200 吨，相当于一次将 220 节高铁车厢提升到空中。

汤洪流／时任振华 30 号船长

说实话，做这个试验心里还是有点紧张的。试验前我们做了很多预案，吊装计划也反复进行了讨论，认为计划是完美的。1.1 倍“超载试验”成功以后，我们对后续更大规模的海上吊装作业，就更有信心了。

汤洪流明白，即将到来的试验，将使振华 30 号的船首部位承受前所未有的巨大压力。他必须非常小心地调节各个压载舱的水位，把船体的横向倾角度和纵向倾角度控制在 1.5 度以内，因为一旦操作不当导致船体失衡，结果将是灾难性的，甚至可能造成船体倾覆。

现在，88 根粗壮的钢缆，已被连接到 88 个吊点上。而驳船也再次以向压载水仓压水的方式，从原来的 7700 吨，加载到了 13200 吨。如果说“全回转吊载”考验的是“大力士”的“腰功”，那么，“固定吊载”超载试验要考验的，则是“大力士”的“臂力”。

振华 30 号起重机臂架

严 兵／振华设计研究总院副总工程师

起重机配备了两只吊载量为 6000 吨的四爪钩。四爪钩本身的断面面积达到 3.5 米 ×3.5 米，高度达到 2.2 米，相当于一个 12 平方米卧室的体积。吊钩自重 220 吨，相当于 150 辆家用小轿车的重量总和。

除了巨型四爪钩，起重机臂架也同样体量惊人。长 125 米、自重 2000 吨的臂架，由两个吊臂节段组成稳定的三角形结构，形成合力，再汇聚到一个吊点上。

蜂鸣声中，220 吨重的巨型四爪钩，将 13200 吨重的驳船牢牢抓起，缓缓吊离水面。

此时此刻，轮机长徐林也正密切关注着机舱的运行情况。轮机长俗称“老轨”，据说这个词来源于欧洲工业革命后。由于先有铁路和蒸汽机车，后有蒸汽机轮船，到了 20 世纪 30 年代，原先在铁路上从事机车操作的中国人，开始上船当轮机员，于是人们就以铁轨的“轨”来称呼他们，并把轮机长尊称为“老轨”。

徐　林／时任振华 30 号轮机长

在超载试验中，我对我们的机器很有信心，因为这条船我是付出了很多的，我甚至感觉船是有生命的。你把你主管的设备都当成有生命的，你的管理才会好。一旦你忽略了它，它就会发脾气，给你找点麻烦。

机舱内，10 台装机容量为 7000 千瓦的发动机正在平稳运转。而徐林的任务是维护全船轮机设备正常运行，为“超载试验”取得成功保驾护航。

重达 13200 吨的试验驳船，被稳稳提升到距离水面 2 米的位置，并悬停数秒，标志着“固定吊载”超载试验大功告成。

“固定吊载”超载试验成功

03-3

在福建漳州的福厦高铁九标段作业现场，李晓钢正围着架桥机徒步转悠，他时而仔细聆听机器运转的声音，时而登上脚手架俯瞰架桥机的作业姿态。作为全程主抓装备研发的主心骨，眼下正是作业最关键的时刻——前方出现了隧道。

李晓钢／中铁科工集团机械院原院长、教授级高级工程师

架桥机既要具备能跨越 40 米桥墩间距的庞大身量，同时又要能够通过隧道，因此，它的外形尺寸受到了很多限制。

漳州典型的低山丘陵地形，使得穿越隧道成为作业常态。然而前方隧道净高 9.5 米，净宽 13 米，而架桥机身高足有 10.3 米，体宽更是达到 20.5 米，显然，硕大的身躯无法通过隧道。

李珍西

中铁科工机械院副总工、运架装备总设计师

重1000吨的40米箱梁，对架桥机的身高和体宽提出了更高要求，但这与架桥机的隧道通过性又是矛盾的，这是它最大的研发难点。

要想过隧道，架桥机必须“减肥瘦身”。而“减肥”的主战场，则在中支腿。

在架桥机的5条支腿中，中支腿是最粗壮、最健硕的，因形似字母O，因此又称“O型腿”。由于架梁时混凝土箱梁要从O型腿当中穿过，因此O型腿的横向宽度必须达到20.5米，O型腿也因此成为架桥机过隧道的“绊脚石”。

中支腿

李晓钢／中铁科工集团机械院原院长、教授级高级工程师

O 型腿有点像我们人体，我叉着腰，雄赳赳气昂昂，过不去怎么办？我只有想办法把自己收缩起来，通过肩关节一收，再把肘关节一收，体积变得更小，才能通过狭窄的隧道。

“瘦身”的秘籍，是 O 型腿翻折。首先，拆除 O 型腿的下横梁，使其关节能自由活动。随后，将弯曲竖梁向前翻折 90 度，再往上翻折 75 度，犹如巨鸟之翼折叠于腋下，“机器侠侣”又化身为“变形金刚”。

经过两次翻折，架桥机的宽度由原来 20.5 米缩减到 11.14 米，高度也同步降到 8.81 米，终于能通过 13 米宽、9.5 米高的隧道了。

李晓钢／中铁科工集团机械院原院长、教授级高级工程师

架桥机翻折，体现的是仿生学的原理。就像人体通过一些关节的配合，能更好地把自己收缩起来，以便通过狭窄的空间。

然而，新的问题接踵而至。O 型腿的下横梁已被拆除，意味着架桥机丧失了自行走功能，它如何才能通过隧道呢？现在，运梁车成为架桥机的“坐骑”，它以驮梁支架顶升的方式，驮起了架桥机。在运梁小队和架桥小队的默契配合下，这对“机器侠侣”终于合体，双双进入了隧道。

但架桥机仍面临着巨大的风险，机身最宽处与隧道壁的间隙仅有 12 厘米，行驶时稍有偏移就会发生碰撞。而一旦发生碰撞，不仅会导致设备损毁，更可能造成人员伤亡。

此刻，邹杰轻松地坐在驾驶室里，双手无须任何操作。原来，进入隧道后的旅程采取无人驾驶技术。

李珍西／中铁科工机械院副总工、运架装备总设计师

自动驾驶系统能控制运梁车沿着隧道中心线行驶，使箱梁与隧道壁两边的间隙基本保持一致，确保运梁车安全通过隧道。

激光雷达能精确感知架桥机与隧道壁之间的间距，当间距偏小时，雷达会及时发出预警，对行车路径作出调整。

千吨级运梁车驮着“瘦身”后的架桥机进入隧道

04

从一千吨级、两千吨级，到举世瞩目的四千吨级，100 多名参与研发者，累计 16000 多张设计图样，1800 天精心打造，80 多项国家专利技术，安全起吊 8468 小时，这就是中国人赋予四千吨级履带式起重机的基因数据。

茫茫大海上，看着两场“超载试验”全部过关的振华 30 号，汤船长悬在心中的石头终于落了地。巨轮也鸣笛起锚，再次远航，准备迎接下一个海上作业任务。

振华 30 号起航

福厦高速铁路九标段作业现场，运梁车驮着“减肥”后的架桥机，双双从隧道里缓缓驶出。而前方，还有更多的已浇筑完成的高墩正等待着它们。凭借“机器侠侣”天衣无缝的携手合作，单班每天架设两孔桥，12 天铺设 1000 米高速铁路，堪称是中国高铁建设的“加速神器”之一。

这些举世瞩目的超级装备，拥有擎天之力，忠诚于人类，且永不知疲倦。这是因为，在缔造之初，人类赋予了它优良的基因。无论装备如何进化，这些基因永不会改变，因为在装备的背后，是同样“择一事、终一生”的人。

远离至爱亲朋，守着日月沧海，或许“回家”，才是他们的“诗与远方”。用一颗坚定的心，将粗陋打磨到精密，把平凡酿造成伟大，他们，就是中国的超级装备的故事。

彩蛋

缪士超 /
徐工建机技能工艺师

我干了27年焊工，平时陪儿子、陪爱人的时间非常少。儿子今年21岁，上大学了。他的生日其实我每年都记得，都给他买了礼物，但生日宴只参加过一次。有两次饭店都已经定好了，结果临时接到出差任务，没能赶回来。他很不理解嘛，然后他和我也不亲……不能说了，不能说了，不说了不说了……我希望我能陪伴他每一个重要的时刻，这是我最大的心愿。

汤洪流 /
时任振华30号船长

我参加孩子的家长会，估计不会超过5次吧。孩子很小的时候，我从海上回来，小孩睡在床上就用脚把我往床下踹。人家不认识你了，谁让你出差这么长时间。

王 晨 /
徐工建机行车工

我今年31岁，在这个行业里已经11年了。平时工作也比较忙，父母的年龄越来越大，陪伴在他们身边的时间少之又少。

徐 林 /
时任振华30号轮机长

从1992年做到现在，已经29年了。有一次我岳母摔倒了，把股骨头摔断了，我妈正好也在住院，我老婆又在上班，我回又回不去，因为在海上施工，当时的心情真是……

林军杰　/
中铁六局丰桥公司运梁车队长

从老家出来已经有两个多月吧，以前最长在工地上待过四个多月。老婆肯定要怪啊，你再不回来，以后就别进家门了。在外边就是能多挣钱，可以改善家里的条件，包括生活啊、住房啊，这是心里最大的愿望。老在外面飘着吧，也只有自己默默承受，有些东西也没法表达出来。但是大方向不能变，以国家建设为重，舍小家顾大家吧。

刘晓宁　/
中铁六局丰桥公司架桥队长

不经常回去，在这儿嘛就是挣得比较多一点，只能向生活低头了嘛。开心的是，为国家高铁事业做了贡献。

李晓钢　/
中铁科工集团机械院原院长、教授级高级工程师

我 35 岁的时候，得了急性早幼粒白血病。当时我的小孩只有 3 岁，我想我不能就这样离开这个世界，生存意识非常强。治好了这个病以后，我觉得时间更加宝贵了，所以我把每一天都当作是最后一天，我就是这么来工作的。

第四集　纵横天下

韩　晶

01

从空中俯瞰，中国大连湾犹如一轮弯月，被黄海的万顷碧波环抱。这是穿越大连市中心的南北向主干道，也是大连最繁忙的交通要道。早晨 6 点刚过，车流就开始密集起来。大连湾独特的弯月形空间结构，使南北两端仅 5.1 千米的距离，却要绕行数十千米长的 C 字弯。这也使得贯穿南北的道路常年拥堵，极大地影响了市民的出行和经济的发展。那么，如何才能破解这瓶颈之痛呢?

大连湾海底隧道作业现场，一头“钢铁巨兽”正在向岩壁轰然挺进。它就像来自异世界的“机甲兽”，所到之处，土崩瓦解，石破天惊。它，就是当今中国功率最大、也是吨位最大的悬臂式隧道掘进机。

作业中的悬臂式隧道掘进机

距离大连湾 920 千米的陕西榆林，府谷县孤山川火车站，一个平素冷清的小站，这天突然热闹起来。一大早，各路交警、路政、桥梁监测和运输人员就集结在车站。显然，是有一件大事要发生。

原来，小站来了一个庞然大物。它重约 300 吨，相当于 5 节高铁车厢的重量总和，它就是中国“西电东送”工程的核心部件——换流变压器。它将被送往 23 千米外的陕北换流站，但这看似近在咫尺的 23 千米，却注定是一段不平凡的旅程，因为从火车站到换流站，要经过 22 座桥和 2 个隧道。

桥梁限重 120 吨，而变压器自重 300 吨，显然难以通过桥梁。其次，隧道净高 5.6 米，而变压器高 4.8 米，加上运输车的高度，总高度至少达到 6 米，超过了隧道限高。还有，运输途中变压器不能有丝毫磕碰，且左右倾斜角必须小于 15 度。那么，什么装备才能完成这看似不可能完成的运输任务呢？

桥式梁运输车

它身长近百米，自重 300 吨，由牵引车、前液压轴线模块、桥架、后液压轴线模块和顶推车 5 个部分组成，共有 312 个车轮。它，就是被誉为“特种运输神器”的桥式梁运输车。

从陕西榆林南下 1200 千米，来到江苏南通，一座“庞然大屋”刚刚被制造完成。它长 51 米，宽 41 米，高 39 米，重量接近 3000 吨，它就是海上风电至关重要的核心部件——升压站。它即将被运往 300 千米外的海上风电场，开始长达 30 年的海上服役生涯。

现在人们面临的问题是，如何将这座相当于 2 节高铁车厢长度、15 层楼高度的升压站搬运到驳船上。从制造场地到岸边驳船，虽然只有百米之遥，却不仅路面凹凸不平，还面临两次 90 度转弯。而升压站体量庞大且造价高昂，搬运途中一旦发生倾斜，则可能面临倾覆之灾。那么，什么装备才能完成这个超难的搬运任务呢？

自行式液压模块运输车

由多个模块单元车自由组合而成，可承载重量超万吨的大型货物，能完成前行、后退、绕行、蟹行等多种行驶动作及 360 度原地转向。它，就是中国自主研制的特种运输装备——自行式液压模块运输车。

距离江苏南通 190 千米的杭州湾，中午 12 点，远道而来的“布鲁塞尔快航”缓缓靠港。这艘体型巨大的集装箱轮长 368 米，宽 51 米，几乎有 3 个标准足球场大小。在未来的 24 小时内，将有超 4300 只集装箱，要在港口完成装卸。

“布鲁塞尔快航”靠港

体积相当于一辆小巴士的 20 尺标准集装箱，被桥吊从船上吊到 50 米空中，由 AGV 无人引导小车运输至集装箱堆场，再由门式起重机吊装到集装箱卡车上，运往目的地。繁忙的码头空无一人，唯有鳞次栉比的港口机械在忙碌不停。

水深 17.5 米，码头岸线 2350 米，7 个深水泊位，可容纳 7 艘十万吨级巨轮同时进出港。28 台桥吊、121 台轨道吊、145 台 AGV 全天 24 小时满负荷运转，年吞吐量 630 万标准集装箱，平均每天约 1.7 万箱。它，就是当今世界上单体最大、也是综合自动化程度最高的码头——上海洋山四期自动化码头。

02-1

大连湾海底隧道全长 12.1 千米，是一项连接道路、桥梁和隧道的海陆交通运输一体化工程。然而，工程的难度却超乎想象，不仅地质环境复杂，海底岩层中既含有硬岩，又混合着质地黏稠的石英岩，而且隧道的上方，还建有大型石化厂。

栾晓强／大连湾海底隧道项目经理

我们隧道的上方就是大连石化公司的静电场，而且这条隧道的覆盖层特别浅，尤其是洞口，它的覆盖层只有 7 米左右。

HYUNDAI
HYUNDAI
HYUNDAI
HYUNDAI
ONE
UASC
HMM
K LINE
HYUNDAI
YANG MING
741L
40t
ZPMC

上海洋山四期自动化码头

隧道口上方仅 7 米厚的覆盖层，使隧道的掘进作业极易对地面的石化设施造成扰动，不仅可能导致油罐爆炸，甚至造成人员的伤亡。

大连湾海底隧道内，火星四溅，土石具崩，“机甲兽”的破岩行动正在展开。

悬臂式隧道掘进机自重 145 吨，体型适中，因此掘进时不会对地层及地面建筑造成扰动。它由截割头、运输系统、自行走机构 3 个部分组成。截割头，负责凿岩破岩，最大截割范围为 52 平方米，掘进时可向岩壁施加每平方厘米 1.5 吨的力量。运输系统，负责将碎石渣土铲到铲板上，通过向心旋转的星盘，输送到掘进机尾部。而履带，则使掘进机能在狭小空间内行走移动，便于从最有利的角度和位置进行破岩。

截割头，无疑是悬臂式掘进机最为“吸睛”之处。如果将掘进机比作力大无比的“机甲兽”，那么布满锐利截齿的截割头，就是它的“金刚獠牙”，上下啃噬，以千钧之力破岩碎石。

截割头采用特殊的合金钢打造，每个段位上排有密度不等的截齿，中心区域排布密集，边缘区域则排布宽松。这是因为，球形截割头的前端最先接触岩壁，受力最大，因此截齿排布紧密，以便用最大的截割力来凿岩破岩。而当岩层被截割松动断裂后，后端的截齿跟进，对岩层进行镗铣。由于受力较小，因此后端截齿的排布，也就相对宽松。

在截割头的球面上，每颗截齿与截割头表面的夹角也不尽相同，有的呈锐角，有的呈钝角。这是因为，截割过程中，每颗截齿都必须以垂直的角度切入岩壁，只有这样，掘进机才能对坚硬的岩壁施加最大的截割力。

不过，这样的力学分布，却给截齿的焊接，带来了巨大的工艺难度。不仅要针对截割头的不同部位设计出最合理的截齿排布密度，还要精确计算出每颗截齿与截割头表面的不同角度，以确保每颗截齿都能垂直切入岩壁，既增强截割力，又降低截齿的偏磨与损耗。

刘玉涛／徐工基础工程机械有限公司矿业机械研究所所长

制造截割头最大的困难，就是截齿的排布，包括截齿的圆周角、倾斜角及线速度。以前我们在这方面的知识几乎是空白，必须做大量的现场模拟实验，包括数据分析，才能够把它研发出来。

为了确保82颗截齿的每一颗焊接角度都能达到毫米级精准，中国自主研制出截齿点焊机器人，先对截齿进行焊点空间定位，再由人工将截齿焊接严实。“机甲兽”正是凭借着过人的“金刚獠牙”，敲山震石，所向披靡。

人工焊接截割头

不过，设计师在给予它无敌威力的同时，也赋予了它“润物细无声”的温柔。在截割头的后端，隐藏着一圈不起眼的喷淋嘴。当掘进机向岩层掘进时，喷淋嘴会自动喷洒出浓密的水雾，将扬尘和土石碎屑包裹在水膜里。这样，既为机器降了温，又改善了工作环境，保护作业人员的健康不受到伤害。

钢铁躯壳与温柔之心合为一体，目标只有一个，那就是掘进，掘进，再掘进！

02-2

中国经济的迅猛发展，催生了能源石化、道路桥梁、航天航空等产业对特种运输的巨大需求。尤其随着中国加大对海上风电的开发力度，大型升压站的运输变得刻不容缓。

为了方便水路运输，升压站一般采取临水而建的制造法。建成后将其平移到驳船，再由驳船运往海上风电场。

升压站体积庞大，结构复杂，建造完毕后不得拆解，必须整体运输。这就要求运输装备不仅得具备适应升压站长度和宽度的超大底盘，还必须能承载升压站近 3000 吨的重量。

自行式液压模块运输车，采取了一种简单的智慧——组合。它通过拼接的方式，将多个模块单元车，组合成超大的车组。

整体运输升压站

王力波／湖北三江航天万山特种车辆有限公司副总经理

当用一节火车来运一个超大货物时，火车的运能是不够的。但是如果我们把多节火车串连在一起，它的运能就会变得非常大。模块车就是源于动车组的设计理念，把一个动力头放在整列车的最前端，后面串接上几个不同的模块，通过液压油路、电路、气路的连接，形成一个很大的整体。这样，它的运能自然而然就得到了提升。

模块车由动力模块和模块单元车组成，通过“插轴连接”的方式，将一个动力模块和多个模块单元车纵向串联成一条“长龙”。动力模块相当于“龙首”，向整车提供动力和下达运行指令；而模块单元车则相当于“龙身”，严格执行“龙首”的指令，完成相应的行驶动作。

“长龙”满足了升压站对长度的要求，但是，宽度问题又如何解决呢？

王力波／**湖北三江航天万山特种车辆有限公司副总经理**

当一个人挑扁担时，这个人的抬升能力是有限的。当要抬一个更大的货物时，我们可能需要集聚更多的人力。我们就采用“抬轿子”的模式，4个人或者8个人共同来抬一个轿子，这样，整个运输能力就会得到大幅的提升。

正是基于“抬轿子”的理念，模块车将多条“长龙”横向组合成更宽的车组，从而实现了更大的运能。如果把纵向并车比作“串联”，那么横向并车就是“并联”，通过“串联”和“并联”，合纵连横组成超大的底盘，满足了升压站对于长度和宽度的要求。同时，密集的车轮矩阵，把升压站近3000吨的重量分摊到每一个车轮上，载重问题也迎刃而解了。

不过，新的问题也由此而生。当多条“长龙”并驾齐驱，怎么才能实现多车联动呢？“龙首”之间如果意见不合甚至南辕北辙，该怎么办？当几十台车、几百只甚至上千只车轮一起工作时，又如何做到步调一致呢？

丁保峰／湖北三江航天万山特种车辆有限公司高级主管工艺师

车和车之间如果不同步的话，会导致货物在车体上移位，甚至导致货物被撕裂、损坏。最糟糕的情况是，导致货物直接从两节车之间掉下来。

完成并车后，操作员会指定其中一个动力模块充任“主脑”，指挥所有的车组统一行动。

丁保峰／湖北三江航天万山特种车辆有限公司高级主管工艺师

不管你有多少台车，它的数据是实时共享、实时交换的，最后由一个动力模块来决定其他模块车的行驶动作。你只要操作一只遥控器来发出指令，其他的模块车都按照这个指令进行配合，不存在数据之间“打架”或者冲突的问题。

升压站的平移即将开始，但此刻它仍面临着的一个问题是，首先得把近 3000 吨重的升压站装上模块车。那么，如何完成这个超乎想象的装车任务呢?

秘密，就隐藏在车架与轮轴之间那一个个液压悬架上。液压悬架具有上下调节功能，能在液压油缸的驱动下自主升降。车架拥有 70 厘米的上下调节范围，最高可升到 1.85 米，最低可降到 1.15 米。

液压悬架

这样，模块车就能通过降低“身高”，让自己“钻”到升压站的肚子底下，通过顶升的方式，将升压站驮起来了。待运送到指定位置后，液压悬架再下降，把升压站放下来。由此，装卸车难题被一举攻破。

模块车进入升压站底部

02-3

在上海洋山四期自动化码头，“布鲁塞尔快航”靠港后，首先迎接它的，是矗立在岸边的桥吊。桥吊，全称“岸边桥式集装箱起重机”，简称“岸桥”。单个桥吊高约 89 米，重 2400 吨，被誉为“码头装卸金刚”。

眼下它的任务是，在 24 小时内，将船上超过 4300 只集装箱卸到码头上，同时将数千只其他集装箱装到船上。这意味着平均每分钟要装卸 6 只集装箱，平均每 10 秒装卸 1 只。对于体型硕大的“装卸金刚”来说，如何在最短的时间内快速抓取数十吨重的集装箱并将其提升到 50 米高的空中，再将集装箱平稳、精准地放置到 AGV 上，这无疑是一项重大的考验。

上海洋山四期自动化码头的桥吊

就在数月前，距离洋山港数十千米远的上海长兴岛港机制造基地，一批崭新的桥吊展开了调试工作。它们是最后一批投入洋山自动化码头的“装卸金刚”。

不过，刚刚下线的“装卸金刚”，还只是一具具沉睡的钢铁躯壳，既不会动弹，也不懂得指令。要想让它们适应自动化码头繁重的工作，就要给钢铁躯壳注入灵魂，也就是赋予它们 App 功能。

工程师必须对每一项功能指标都进行调试，通过对实验用集装箱的重复抓提，检测吊具能否顺畅起落并滑行至规定位置，连接吊具的柔性钢索能否收缩自如，各个机构是否灵活，对系统指令能否快速作出反应。因为每一项功能指标，都将决定桥吊能否胜任未来在洋山的繁重装卸任务。

现在，28 台高效作业的桥吊，将来自“布鲁塞尔快航”的集装箱，平稳放置到 AGV 上，由 AGV 运往集装箱堆场。

AGV，专业名称“自动引导车”，具有电磁或光学自动导引装置。它依靠外部传感，实现机器人本体的导航定位功能，也就是“我在哪儿”；并具备执行既定调度任务的功能，也就是“我要做什么”；同时遵循“最短路径、最省电和最不拥堵路段”三大法则，自主选择运行路线，也就是“我要怎么去”，堪称聪明的“港口快递小哥”。

前不久，就在上海长兴岛 AGV 制造基地，最后一批投入洋山的 AGV 下线了。要承载数十吨重的集装箱，并在有限的码头空间灵活移动和转向，AGV 不仅要具备强健的底盘，还必须占据更小的行车道，以便给码头腾出更多的空间，来堆放集装箱。为此，AGV 采取了“四轮转弯”的方式，每只车轮均能独立转向，以便作业时具备更小的转弯半径。

洋山四期自动化码头的 AGV

下线后的 AGV，首先要在试验场完成定位导航测试。洋山港的 AGV 采用业界广泛使用的磁钉定位导航，磁钉既是信号传感器，也是位置感应器。测试的目的是验证 AGV 对预埋在地面下的磁钉能否实时感应，并迅速作出反应，完成前行、倒退、绕行、转向等多种行驶动作。除了磁钉感应，AGV 还装有激光雷达，避免在运输途中发生堵车和撞车事故。

在上海洋山四期自动化码头，“布鲁塞尔快航”的装卸船作业正在火热进行中。借助预埋在港区地面下的 61483 颗磁钉，以及自身的激光雷达，145 台 AGV 有条不紊地运行着，将集装箱快速送往指定的堆场。

集装箱抵达堆场后，该轮到轨道吊大显身手了。轨道吊，又称“门式起重机”，负责堆场与场外集装箱卡车之间集装箱的起重堆叠和装卸车任务。轨道吊、桥吊、AGV，并称为“港口机械三大件”。

洋山四期自动化码头的轨道吊

就在不久前，距离洋山港 180 千米的江苏南通港机制造基地，接到了洋山最后一批轨道吊的单机测试任务。

钢索伸缩，吊具升降，装有配重块的实验用箱体，被轨道吊精准地抓放、起落、移动。数十次、上百次的重复运动，每一次的数据都被调试工程师详细记录，以便对参数进行微调并最终固化，确保轨道吊未来在洋山港的几千万次重复作业中，能够安全可靠，稳定如初。

正是仰赖“港口机械三大件”天衣无缝的通力协作，上海洋山四期自动化码头的作业效率得以大幅提升。

黄 桁

上港集团哪吒科技公司总经理

我们每天有 5 万部集装箱卡车要进场，这些卡车连起来，相当于从上海到北京的长度，每天周而复始。我们每天有 14 万个标准集装箱要从水路上下来，14 万个标准集装箱加在一起的体积，相当于 600 栋上海大厦的体积总和。码头作业效率的问题如果不解决，就会造成进上海的长江航道堵塞。说得更大一点，上海这个节点堵塞之后，对全球所有的节点都会造成蝴蝶效应，影响是非常大的。

落日余晖中，一辆又一辆集装箱卡车频繁往返于洋山港，源源不断地将货物运往内地和世界各国，川流不息。而以最高效的方式，将远道而来的集装箱交付给集装箱卡车，正是上海洋山四期自动化码头的终极使命。

03-1

电力，现代社会赖以发展的基础。但中国是个能源分布不均衡的国家，水力、煤炭资源主要分布在西北部，而能源消耗则集中在经济发达的东部沿海地区。为了把电力从广袤的西部输送到东部，中国建设了世界上规模最大、电压等级最高的电力输送网络——“西电东送”。而换流变压器，正是其核心设备。

特高压输变电网络

在陕西榆林府谷县，换流变压器已被平移到桥式梁运输车上整装待发。上午 10 点，桥式梁运输车驮着变压器小心翼翼地驶出火车站，朝着换流站的方向缓缓而行。然而，驶离车站不过几百米，前方就出现一座桥梁，第一道难关横亘眼前。而这还只是途中 22 座桥梁中的第一座。

游文亮／桥式梁运输车驾驶员

我做特种车驾驶员差不多有 20 年了。运输的难度主要是这里桥梁比较多，而这个车又比较重，所以心里还是有点紧张的。

变压器和桥式梁运输车相加，总重量超过 500 吨，而桥梁最大轴载仅为 15 吨。所谓轴载，是指汽车的每个轮组的横轴所承载的重量。

芦　军／陕西省交通运输厅公路管理处处长

如果采用普通平板车，那么车辆的轴载就会远远超出桥梁的设计荷载，基本上不存在运输的可能。

杨利峰／陕西交建公路桥梁技术负责人

大型货物产生的荷载，可能会对桥梁造成损伤，甚至导致桥梁垮塌。

那么，如何攻克过桥这一难关呢？

位于桥式梁运输车中部的桥架，前端与前液压板车相接，后端与后液压板车相连。这样，变压器重量就被一分为二，由前后液压板车各承担了一半。此外，前液压板车 18 组轮轴和后液压板车 18 组轮轴相加共 36 轴，变压器和运输车的总重量，被均匀分摊到每一个轮轴上。

谢卫江
运输项目总协调人

36 轴，分配到每一轴上的轴载，只有 15 吨左右。分配到每个轮胎上的轮压就更低了，只有 1 吨多。可以这么理解，只要拖拉机能够走的地方，我们的车就能走。

桥式梁运输车全貌

经测定，桥式梁运输车的轴载仅为13.64吨，低于桥梁15吨轴载的限重。第一关，变压器过桥的难关，被顺利攻克。

芦 军 / 陕西省交通运输厅公路管理处处长

我们协调检测单位，提前对沿线桥梁进行检测和桥梁的承载力验算，由桥梁专家对照桥梁的设计承载力，反复进行比对，并充分考虑各种不利因素的影响，最终我们给出了可以安全通行的结论。

桥式梁运输车过桥

但这并不意味着接下来的旅程可以轻松应对，因为第二道难关接踵而至：前方出现了隧道。

隧道高 5.6 米，而变压器高 4.8 米，加上运输车底盘的高度，超高是必然的。然而此时，变压器与运输车相加，总高度仅为 5.2 米，低于隧道的限高。这，是怎么回事呢？

答案，就藏在巨大的桥架内。桥架底部采用镂空无底盘槽形设计，将变压器镶嵌于凹槽之中。如此一来，变压器与运输车相加，总高度仅为 5.2 米，通过隧道就绰绰有余了。第二道难关，也顺利闯过。

超重超高的问题解决了，但新的难关随之而来。从火车站到换流站 23 千米的路程，要经过数个弯道，其中包括转弯半径不足 22 米的 S 形弯道。桥式梁运输车身长近百米，而车体越长，对道路的直线性要求就越高，越遇到拐弯，就越难行驶。那么，桥式梁运输车能安然通过途中的数个弯道吗？

在桥式梁和前后液压板车的连接处，各有一个液压转向装置，它能控制桥架做 360 度的自由摆动。这一设计，巧妙地将桥式梁运输车刚性的百米身长，转变为可转折的柔性三节段，缩小了转弯半径。而车底部的液压转向系统，也通过调控轮轴的运动方向，使车轮能完成前行、倒行、直行或绕行，从而使驮有变压器的桥式梁运输车经过 S 形弯道成为现实。

此外，在运输过程中，桥式梁运输车头部的牵引车和尾部的顶推车，也起到了重要作用。牵引车负责拖动百米身长的桥式梁运输车负重前行，而顶推车则起到上坡时向前顶推、下坡时往后拖曳的作用。由此，变压器过桥、进隧道和过 S 弯道三大难关，被全数攻破。

桥式梁运输车过 S 形弯道

03-2

江苏南通临江码头，升压站的运输终于可以开始了。然而从制造场地到江边驳船，虽然只有百米之遥，却并非一路坦途。

顾志清／韩通赢吉重工有限责任公司副总经理

整个升压站的高度有近40米，相当于生活楼15层左右。目前，我们遇到的两大问题，第一个是转弯半径，需要原地转向，而且转向空间只有两米左右；第二个是水泥路面要跨过航车轨道，导致场地路面崎岖不平。

如何在凹凸不平的路面上确保升压站的平稳运输，是模块车所面临的一大考验。因为一旦发生倾斜，体量庞大的升压站就可能面临倾覆之灾。

千里之外的湖北孝感模块车制造基地，一场“金鱼缸实验”即将拉开帷幕。一个金鱼缸被放置在模块车的车架上，而模块车要经过一个坡度为 6 度的缓坡，以此测试模块车的上下坡对金鱼缸的影响。

在分组液压油泵的驱动下，模块车的液压悬架开始自动升降，以补偿车轮在上下坡时的高度差。而安装在车架四角的高度传感器，也实时反馈着车架的高度值，通过智能算法来控制悬架升降，使车架上金鱼缸的水面保持平稳。

正是借助模块车的液压悬架升降系统，升压站的运输才得以平稳进行。然而很快，另一场终极挑战接踵而至。

金鱼缸实验

百米距离内，升压站必须完成两次 90 度转向，且转向空间只有两米。这意味着，15 层楼高的“庞然大屋”必须原地转向并保持平稳。而一旦倾斜角度超过了 6 度，就会导致“庞然大屋”倾覆。那么，模块车如何完成这个超难的任务呢？

模块车的每只车轮均能独立转向，并实时反馈行驶速度和行驶方向。同时，由计算机软件控制系统操控所有的模块车，协同完成多种复杂的行驶动作。这使得升压站在有限空间内的原地转向，成为可能。

此时，升压站的 90 度转向正在进入最关键的一刻。模块车以自身右侧中心点为圆心，计算机控制系统根据每只车轮与圆心的不同距离为半径，控制所有的车轮以不同的角度和速度，缓慢且准确地进行转向。368 只车轮齐心协力，用时 7 分钟，升压站的 90 度原地转向，终于漂亮完成了。

升压站 90 度原地转向

03-3

在上海洋山四期自动化码头，“布鲁塞尔快航”的装卸船任务已完成过半。桥吊连续作业通宵达旦，接下来，它们还将继续工作。

总控塔台内，拥有16年码头作业经验的首席远程操作员黄华，正带领团队远程操控桥吊，完成“布鲁塞尔快航”的装卸船任务。然而，这看似简单的一起一落，一抓一放，其中却涉及极为复杂且充满变数的动态海量计算。

黄 华／上港集团洋山四期首席远程操作员

一个是桥吊，一个是轨道吊，一个是AGV，我怎么把这三大机种串联起来？就好比一个人，骨骼有了，但是神经系统没有，他就动不了。

码头作业具有无与伦比的复杂性，一只集装箱卸船后，首先面临选位问题，放在哪个堆场的哪个箱区装船时出箱才最快？而装船也同样面临多种决策，集装箱是常规箱还是特种箱？如果是特种箱，如冷藏箱或危险品，应装到指定位置。是到甲地还是乙地？如果是乙地，则应装到去甲地的集装箱的下面，同时还要满足“重箱不压空箱”规则，这样，出箱才会更快。

每只集装箱在每个决策点上，都可能面临二三十种选择。而每次决策，又会影响其他机械的分布和其他集装箱的装卸。

黄 桁／**上港集团哪吒科技公司总经理**

就像我们下围棋一样，我每下一步棋，可能会考虑未来6步、7步以后。在我们港区里，一部桥吊就相当于一个棋手，每走一步，对未来会产生什么影响，这都需要考虑到。而且同时有很多棋手在下棋，每个棋手的决策，对其他棋手的决策都是有影响的。

智能控制系统示意

当一条船、七八千只集装箱必须在24小时内装卸完毕，当整个码头28台桥吊、121台轨道吊、145台AGV必须循环不断地完成每天近2万箱的装卸任务，当无数个决策点汇集到一起的时候，系统就变得复杂无比了。

上海洋山四期自动化码头的成功运行，得益于“智能控制系统”和“设备管理系统”的默契配合。它们相当于码头的“大脑”和“神经系统”，“大脑”负责下达任务指令，而“神经系统”则负责具体执行任务，包括安排谁去做，走什么路径，先做什么后做什么，等等。

黄　桁／
上港集团哪吒科技公司总经理

对决策的时效性要求非常高。一台 AGV，每秒最起码可以走 6 米，如果我迟一秒钟拿到这个结果，pattern（模式）就已经发生了完整的改变，这个计算结果就可能要被丢弃掉。

当智能控制系统下达任务指令后，设备管理系统会根据指令，安排由哪一台 AGV 去执行任务。并且当多台 AGV 同时接到任务后，还要防止先到的 AGV 等候。此外，设备管理系统还会一次派发多个任务给 AGV，以便它在完成上一个任务后，接续去执行下一个任务，防止因等任务而降低效率，这就是“岸桥任务不中断”。

黄　桁／
上港集团哪吒科技公司总经理

我们有 145 台 AGV，就像 145 只蚂蚁背着集装箱按顺序上码头。你时时刻刻都要控制住这些蚂蚁的任何一次移动，什么时间点，哪只蚂蚁去哪里，搬哪个箱子，然后到哪个位置，全部都要被系统调度到。有的蚂蚁跑得快，有的跑得慢，我怎么让跑得快的蚂蚁减速？又怎么让跑得慢的蚂蚁加速？

途中如果发生故障或停电，AGV 会自动锁死。而设备管理系统会立刻给锁死的AGV划定故障区域，并通知其他AGV绕行，避免发生拥堵和撞车事故。

每一个决策点上，都是一系列的排列和组合，智能控制系统和设备管理系统的作用就是解决排列组合中的智能计算问题。最终的目的，是选择合适的机械，去合适的地方，完成合适的工作，最终达到效率和成本的最优化。

04

美丽的大连湾，当悬臂式隧道掘进机向着海底岩层奋力掘进时，千里之外的徐州，新研发的双截割头掘进机也已下线。中国经济迅猛的发展势头，催生着更大更强的隧道掘进装备问鼎世界。

张忠海／徐工基础工程机械有限公司副总经理

中国是个多山脉的国家，隧道工程也因此越来越多。目前我们每年以超过3000千米的速度在增长，另外随着“一带一路”倡议的推进，还有一些海外隧道工程，也需要我们去施工。

在陕西榆林府谷县，经过近 4 小时的极限运输，换流变压器被安全送达目的地——陕北换流站。

从孤山川火车站到陕北换流站，要经过神府高速石川连接线。这是一条繁忙的仅 7 米宽的运煤专线，而桥式梁运输车必须占据两道，沿中心线以 5 千米时速匀速行驶，且不能变速或刹车，以确保变压器的左右倾斜角小于 15 度，轴载压力和变压器的平衡不遭到破坏。

韩　飞／府谷县公安局交警大队副大队长

在运煤专线上跑的都是大型半挂运输车辆，实施交通管制后，这些车就得从别的路口实施分流，车流量大，路况比较复杂。

王繁荣／府谷县公安局交警大队秩序中队长

我们要对这个道路管制两个半小时，大小路口有 12 处，要截流到 8 千米。如果 1 千米估算有 70 辆车的话，就要有 500 多辆车滞留等待。

为完成这个极限运输任务，不仅需要交警对相关路段实施交通管制和人员限流，还需要测绘部门重新测定桥梁轴载，路政事先完成道路清障、桥梁加固和隔离带拆除工作。

高建锋／陕西省高速公路路政执法总队监护大队长

在正式运输之前，我们省路政执法总队，协同公安交警府谷管理所、运输企业等相关单位，共同进行了一次630吨实际配重模拟护送演练。通过护送演练，优化了我们的护送方案和安全措施。

因此，超大超重特种运输，并不仅仅只是单纯的运输任务，而是一项艰巨复杂的系统工程。

在江苏南通临江码头，升压站已经安全平移到了驳船上，正驶向300千米外的海上风电场，去开启长达30年的海上服役生涯。

升压站被运往海上风电场

在上海洋山四期自动化码头，“布鲁塞尔快航”也在 24 小时计划时间内完成了装卸任务，于第二天中午 12 点起航离港，准备驶往下一个目的地。

而这，只是中国交通运输领域的冰山一角，更先进、更强大的装备正在不断被制造。无论是“开路先锋”悬臂式隧道掘进机，还是“特种运输神器”桥式梁运输车和液压模块车，或者“港口运输之王”上海洋山自动化码头，它们，使地球村落有了更紧密的连接，阡陌交织，张弛有度。它们，使人类世界拥有了更强劲的脉搏，得以通江达海，纵横天下！

交通装备制造车间

彩蛋

尹继才 /
湖北三江航天万山特种车辆有限公司
调试电工、技师

经常出差，一年大概有200天在外边。儿子今年15岁了，他小的时候，我出差回去想抱抱他，哎呀，他看着我愣半天，才肯让我抱。

黄　华 /
上港集团洋山四期首席远程操作员

我女儿9月就上初二了，小时候基本都是我妈带的，读了幼儿园是我爱人带，我忙得基本上没时间管她。她经常说我是个不太靠谱的老爸，把我老婆的微信备注是太靠谱，我的微信备注就是太不靠谱。

尹继才 /
湖北三江航天万山特种车辆有限公司
调试电工、技师

尽量弥补呗，儿子平时喜欢打游戏，我虽然看不太懂，但是只要他喜欢打，我就愿意陪着他、看他打。

仕树同 /
徐工基础第四制造分厂掘进机车间
工段长

我们有一个同学会，每次聚会大家都会交流今年发展得怎么样，挣了多少钱，买了什么车，换了什么房子。说羡慕，我其实也是羡慕的，但是人各有志，他挣他的钱，我上我的班，我完成我的事业。

时　磊 /
湖北三江航天万山特种车辆有限公司
钳一班班长

既然选择了这个行业，就无怨无悔。我是个复员军人，我们不能当逃兵！

第五集　急救先锋

韩　晶

01

“北冥有鱼，其名为鲲。怒而飞，其翼若垂天之云。”两千多年前，庄周以非凡的想象力，勾勒出一幅雄奇瑰丽的画卷。今天，一架超级飞行器，实现了中国人“上临九重天，下潜碧海渊”的梦想。

它身长38.9米，宽38.8米，高11.7米，上半部分是大型陆上飞机的布局，下半部分则是船的外形。正是这样的独特构造，使它既能起降于水上，又能翱翔于天际，入海为鲲，扶摇成龙。它，就是中国自主研制的特种航空装备——大型灭火/水上救援水陆两栖飞机“鲲龙”AG600。

“鲲龙”AG600出库

在距湖北荆门 530 千米的安徽宿州，废弃的采石场传来震耳的轰鸣，一个身影出现在巨石阵里。

一道宽 4 米的壕沟横亘眼前，它必须跨越壕沟，挑战极限。它四轮抓地，将伸缩臂伸展到壕沟对岸，形成新支点，使前轮得以悬空并前移。紧接着，平台旋转 180 度，伸缩臂甩向后背，支撑后轮悬空，越障顺利过关。

如此身手不凡的它，并非空有花拳绣腿。在雅安高速抢险现场和四川凉山木里火灾救援现场，都曾留下它灵动的身影。它，就是为应急救援而生、名字科幻感十足的 ET120 智能救援机器人。

ET120 跨越壕沟

从安徽宿州向北 330 千米，河南省人民医院急救中心响起了一阵急促的电话铃声。调度台告知，距离急救中心 3.5 千米的一幢写字楼里，一名男子在开会时突发晕厥。120 接到求救电话后，将急救任务派给了距离最近的省人民医院急救中心。

很快，由救护车司机张磊、主治医师李顺青、护士李登辉和徐卫亮组成的四人小队集结完毕准备出发，整个用时不到 60 秒。

与四人小组同时出发的，还有一个特殊的助手。它外形小巧，重量仅 3 千克，却拥有媲美台式机的高精度图像。它，就是业界最轻最薄、中国首创电池续航 8 小时的医学影像装备——便携式超声仪 MX。

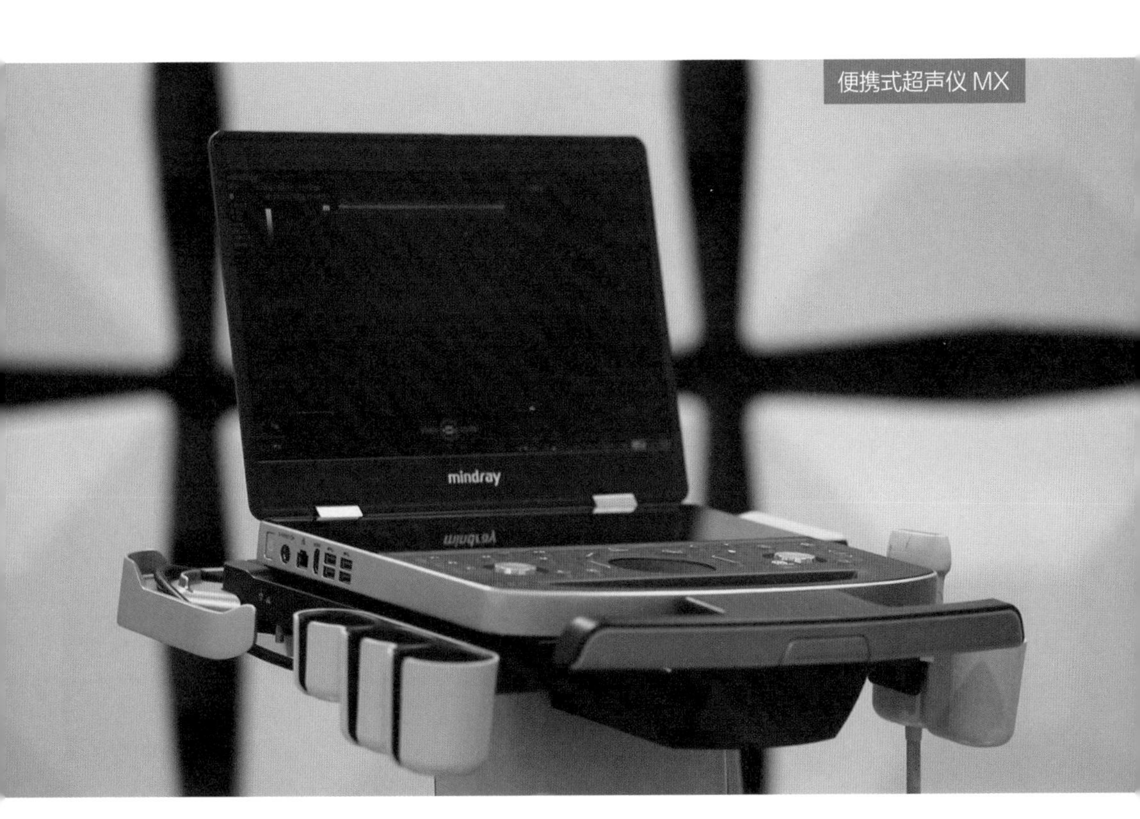

便携式超声仪 MX

由郑州南下 850 千米，来到上海横沙岛潜水基地，胡建和他的队友正面临一场极限挑战。他们将被密闭在容积不足 43 立方米的加压舱内，身体要承受超过地面 50 倍的大气压强，并持续整整 33 个昼夜。

这是一场极限科学实验，是中国首次陆基载人 500 米饱和潜水实验。要保证血肉之躯在承受如此高压时，依旧安然无恙，并确保潜水员在潜入黑暗深渊作业时，源源不断地给予他们安全感及人体所需要的一切物质，就像母亲通过脐带温柔地维系婴儿的生命。那么，谁来完成这个超乎想象的天使任务呢？

这是当今中国在建载人潜水深度最大的工作母船。先进的船舶制造技术，两套 500 米饱和潜水装备，使它在远离大陆岸基支持和恶劣的海况下，能完成大水深应急抢险救捞任务。它，就是中国首艘 500 米饱和潜水支持母船——深达号。

深达号

02-1

2008 年 5 月，中国发生汶川大地震，近 7 万人死亡，39 万人受伤和失踪。山体滑坡，道路损毁，导致救援装备无法从陆路进入灾区。残酷的现实，让中国人痛彻认识到，航空急救装备对于生命救援的迫切性。由此，大型水陆两栖飞机“鲲龙”AG600，正式启动研制。

2017 年 12 月，“鲲龙”AG600 陆上首飞成功；2018 年 10 月，水上首飞成功；2020 年 7 月，海上首飞获得成功，标志着“鲲龙”上天入海的功能得到了验证。

“鲲龙”AG600 海上首飞

黄领才／
中航通飞华南飞机工业有限公司总工程师

水陆两栖飞机，首先要实现陆上飞机的所有功能，同时还要实现在水面起降的特殊要求，要找到折中的比较完美的一个平衡点。因此，它在设计的复杂性和难度方面，都要比陆基飞机更大。

在湖北荆门漳河机场，上午 10 点，“鲲龙”准备迎战一场特殊的试飞——投水试验。投水试验是指飞机从空中向布置在地面的数个测量点投水，以测量投水范围和单位面积水量。“鲲龙”能否真正实现森林灭火，投水试验是关键一环。

从外形看，“鲲龙”与常规陆上飞机的一个显著区别是，机翼上分布着 4 个螺旋桨。常规陆上客机大多使用涡扇发动机，而“鲲龙”则使用涡桨发动机。民用客机的起飞距离通常为 1500 米以上，而对于随时准备奔赴一线执行灭火任务的“鲲龙”，火场和水源地周围不太可能具备 1500 米高等级跑道。那么，“鲲龙”如何才能在最短的距离内实现起飞呢？

要想在短距离内快速起飞，“鲲龙”必须借助更大的升力。而 4 个螺旋桨高速旋转时所产生的“滑流”，能进一步加速空气的流动，相当于给机翼提供了额外的升力。

秦何军

中航通飞华南飞机工业有限公司总体部副部长，“鲲龙”AG600 总体气动设计师

用数字来量化一下，没有“滑流”的时候，它产生的升力可能是 100 个单位。有了螺旋桨滑流流过，如果把滑流叠加到飞行速度上的话，它产生的升力可能就变成了 120 个单位，这就是“滑流增升”。

正是由于采取了“滑流增升”技术，借助 4 台国产涡桨发动机的强劲升力，“鲲龙”在跑道上仅仅滑行了 800 米，就成功起飞了。接下来它的任务是，到湖里汲水。

“鲲龙”AG600 陆上起飞

在执行森林灭火任务时，“鲲龙”如要在火场与机场之间往返注水，势必会浪费宝贵的灭火时间。为此，设计师赋予了它从就近水域汲水的能力。

森林附近一般都有大型水库、湖泊或河流，“鲲龙”可以在水面高速滑行汲水。机翼下方两个浮筒，能确保它在水上漂浮时保持良好的稳定性。机腹底部安装有两个汲水斗，当它贴着水面滑行时，两个汲水斗同时打开，在不到 20 秒的时间内，可汲取 12 吨水，装满腹中的 4 个大水箱。

现在，腹中汲满了水的“鲲龙”，准备起飞赶往考场。然而，要从水上起飞，它还面临着一个考验：克服水的“吸附力”。

黄领才／中航通飞华南飞机工业有限公司总工程师

水的密度是空气密度的 800 倍，水的阻力比空气的阻力大约大 800 倍。飞机在水上加速过程中，要克服的阻力比在陆上要大得多。

“鲲龙”的下半部分，是按照高速船的外形参数设计的。优良的空中飞行性能，要求飞机具有光洁的流线型底部。但流线型底部在水上滑行时，却会让飞机紧贴在水面上，甚至导致飞机无法起飞。这是因为水面对飞机底部产生了“吸附力”，也就是“黏性效应”。

当水龙头打开时，水在重力作用下垂直往下流。而当水流靠近一个带曲面的物体时，一部分水就不再垂直往下流了，而是发生了流向改变，这就是“吸附效应”。那么，“鲲龙”如何克服水的“吸附力”呢？

“鲲龙”的船型腹底有一处不连续的“断阶”，“断阶”使船型腹底的前体与后体形成了一个 0.2 米的高度差，不仅切断了来自前体的高速水流，并能在机腹表面与水之间产生空气层，帮助“鲲龙”摆脱水的“吸附力”。

正是仰赖“断阶”，腹中汲满 12 吨水的“鲲龙”，才成功克服了水面的“吸附力”。借助涡桨“滑流增升”技术，一个长 1500 米、宽 200 米、深 2.5 米的水域，就足以让它快速起飞赶往火场，堪称高效的“空中救火车”。

02-2

在安徽宿州废弃采石场，ET120 智能救援机器人正面临一场极限实战演习——爬坡。一座坡度超过 45 度的山崖矗立在前面，ET120 能成功攀爬上去吗？

ET120 自重 12 吨，4 条支腿可进行多自由度的上下左右摆动，最大步距 5 米，涉水深度 2 米，能攀爬 40 度的斜坡，跨越 4 米宽的壕沟，翻越垂直高度 2.4 米的障碍物。全身 18 个液压油缸，控制每个机构完成多种复杂动作，并且平台能进行 360 度全回转。

XCMG

陈秀峰／

徐工高技术装备技术中心副主任

ET120最大的亮点，是它的底盘设计。底盘相当于有16个自由度，由16个执行单元来控制整个底盘的动作。

这不仅使ET120能在山地、沼泽、隧道等复杂地形中如履平地，更能在地震、滑坡、堰塞湖等灾后抢险中，有效实施救援。

马怀群／

江苏省劳动模范、江苏省企业首席技师，ET120智能救援机器人生产工艺师

像沼泽、山地、水域、壕沟等，普通的挖掘机上不去的地方，ET120都能上去。西藏、青海、四川那儿的森林消防灭火，用的也是这款装备。

现在，ET120准备向山崖发起进攻。驾驶员张旭虽然曾多次驾驶ET120参加抢险救灾任务，但这次演习却非比寻常，因为坡度接近45度，难度升级，他心里也不免有些忐忑。

在张旭的操作下，ET120果断回转180度，伸缩臂甩向背后，以挖斗作为第五支点，与两只前轮形成三足鼎立之势，将后轮解放出来，为下一步攀爬做好准备。

在液压油缸的作用下，伸缩臂从后方往前顶推，助力前轮向上攀爬。悬空的撑爪落地支撑，使ET120在爬坡过程中保持平衡，避免翻覆。在撑爪的支撑下，伸缩臂移向下一个支点，继续向上顶推。

ET120 爬坡

实战演习进入最后的冲刺，眼看距离崖顶只有一步之遥，然而，一块两米高的巨石矗立在崖顶。ET120 再次回转 180 度，伸缩臂甩向前方，挖斗紧紧攀住岩石。借助伸缩臂的拖曳力，前轮顺势攀上崖面。此时，伸缩臂再次回转至身后，从后方顶推整车上行。终于，ET120 成功攀爬上了崖顶。这意味着，未来的它，将能执行 45 度坡度的山地救援任务。

ET120 攀上崖顶

02-3

在河南省人民医院急救中心，四人小队紧急到位后，张磊驾驶着救护车，朝目的地方向疾驶而去。

张　磊／河南省急救中心救护车司机

我们一年大概要急救 5000 多个病人，我从事急救工作已经 20 多年了。

救护车在经二路红绿灯路口往右，拐入黄河路。虽然距离目的地仅有 3.5 千米，却要途经交通繁忙、路况复杂的中心城区，要穿过 1 座立交桥、6 条主干道、7 个红绿灯。张磊必须全神贯注，对路况快速作出反应，因为每争取到一秒，病人就减少一分危险。

李登辉／河南省急救中心护士

每一趟急救，我们都是和时间在赛跑，每天的工作就像是打了鸡血一样。

下午 2 点 32 分，救护车抵达写字楼下。四人小队迅速搬下转运床，赶到位于 29 楼的事发现场。

李顺青／河南省急救中心主治医师

这个病人，我首先考虑的是急性心梗发作，在进医院之前，我就要对病人的心脏功能进行一个整体的判断。

经现场检查初步诊断为急性心梗后，急救小队将患者抬上救护车，准备返回医院实施抢救。

由于写字楼前的外环路为单行道，救护车不得不绕行，这意味着返程多出了 0.5 千米，预计返程用时 22 分钟。救护小队利用返程时间展开院前急救，既为减轻患者症状，也为入院抢救采集信息。在做心电图、测量血压的同时，李顺青打开便携式超声仪，开始为患者做超声检查。

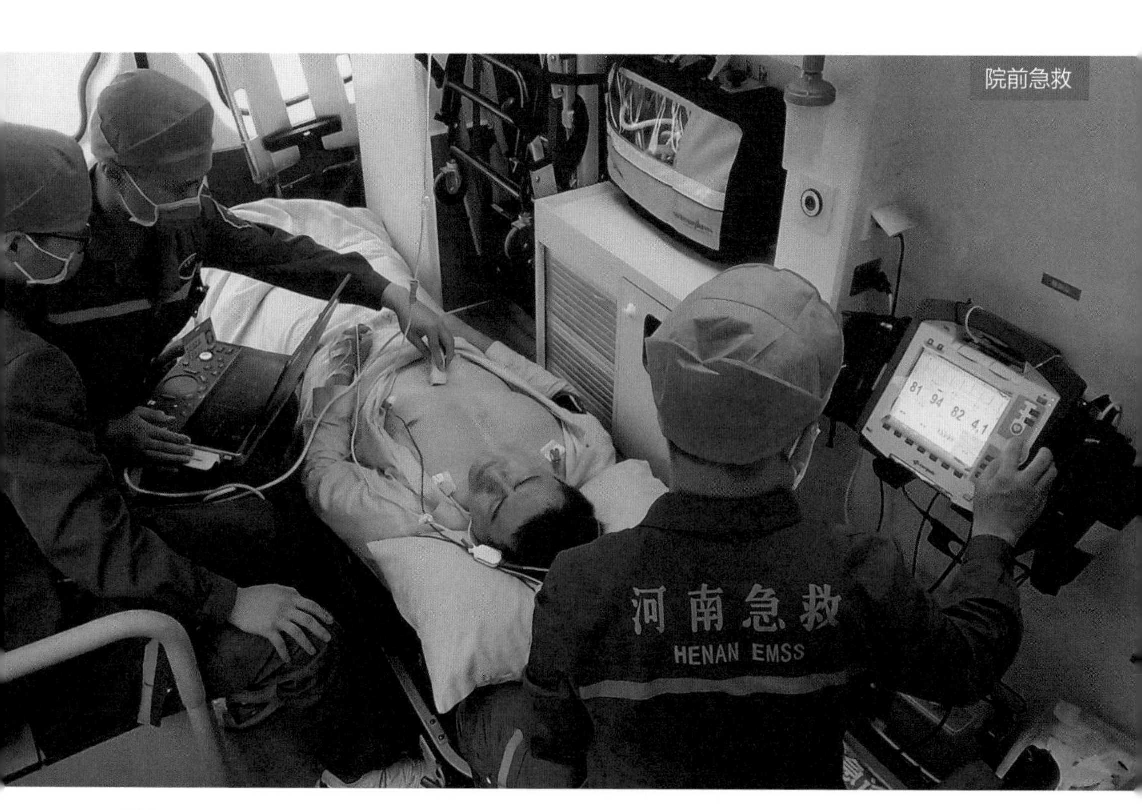

院前急救

便携式超声仪 MX，相比于体积庞大、移动不便的台式机，小体积、轻量化的它，在救护车等狭小空间内的使用优势显而易见。

然而，要将多个精密模块，集约容纳进仅有 3 千克重的设备内，却并非易事。

魏开云／迈瑞医疗供应链系统副总经理

便携式超声仪的外壳都是镁合金的，镁的密度非常低，同时它的强度又非常高。整个外壳设计非常轻便，同时它的质感和对整机的保护又特别好。

除了镁合金外壳，主机也由原来的多个发射接收板，集成为一个发射接收板。

魏开云／迈瑞医疗供应链系统副总经理

内部电路板可能有 20 层，上面的电子元器件可能有上万颗。我怎么去选择更轻、更小的元器件，又怎么去掉连接器，然后合成一整块板卡。

这相当于一张 A4 纸大小的板卡，要容纳 5000 个电子元件、25000 根连接线和 1 亿个晶体管，MX 由此成为业界最轻最薄的笔记本式彩超仪。

救护车已驶入郑州市中心的黄河东路，距离急救中心还有 2.8 千米。MX 虽然外形小巧，但图像精度和性能却能媲美台式机。轻量化和高精度图像本是一对矛盾，那么，MX 在保持轻薄身量的同时，又如何实现高清画质呢？

何绪金／迈瑞医学影像事业部总经理

如果把台式彩超仪比作一辆豪华轿车，动力强劲，性能强大，那么便携式超声仪就是既要维持台式机的高性能，同时又要把排量压缩到台式机的 1/5。

MX 采用业界领先的 ZST ＋域光平台，同一时间能获得更大的数据量和更强的运算能力，就像多车道的信息高速公路，数据传输率得以大幅提升，相当于 1 秒可传输两部高清电影。

何绪金／迈瑞医学影像事业部总经理

成像方法、算法不断地重构和优化，并且依托最先进的半导体器件、最先进的可编程逻辑器件、AFE 芯片，以及后端的计算处理单元，打造一个非常低功耗、高性能的图像引擎，才有可能在笔记本大小的空间里，实现台式机的高性能图像。

在拥有超强数据处理能力的同时，显示屏自动化校准也是确保图像精度的重要手段。机械臂抓取不同的执行端夹具，分别执行图像性能、按键点触、触摸屏检验等多项测试，确保它在任何救治场景下，都能为医生提供高性能图像，为患者的疾病诊断提供保障。

ROV 下水

02-4

随着装备和技术的进步，越来越多的海难救援、沉船打捞、深海资源开采、海洋环境监测等人类活动，都离不开深水作业。深潜器虽能通过机械臂开展深海作业，但水下救捞、海底科研等精细化操作，机械臂却难以完成。而饱和潜水，则是由潜水员直接潜入深海，用双手完成精细复杂的操作，具有无可比拟的灵巧性。

然而，众所周知，地面的大气压力为一个大气压，每下潜10米，则增加一个大气压。也就是说，当潜水员身处500米深的水下时，他的身体将承受51个大气压，相当于身上被施加850吨的外在压力。那么，如何保证潜水员在高于地面大气压50倍的深海中，不被压成肉泥，并且还能顺利完成作业任务呢？

在上海横沙岛饱和潜水基地，胡建潜水团队已进入“深达号”的加压舱。加压舱融生活舱、过渡舱、潜水钟和生命保障系统为一体，各舱室相通，且舱内压力相等。

为期5天的加压开始了。要让潜水员在500米的深水高压环境下作业，必须通过一整套科学缜密、循序渐进的增压方案，使他们的身体能逐渐适应高压环境，达到身体内外压力平衡，因此，增压过程将长达5个昼夜。而500米也是当今中国潜水领域，人体所能达到的最深的潜水深度。

舱内的压力正在按计划逐步上升，50 米、100 米、150 米、200 米。对胡建团队来说，凭借丰富的饱和潜水经验，他们的身体能很快地适应 300 米以下的加压。

胡建团队在加压舱内

胡　建
上海打捞局潜水队长、饱和潜水员

我是在 2014 年下到 313.5 米的深度。那天下水是凌晨，水下漆黑一片，靠我们潜水员自带的灯光，大概能看出去一米左右吧，感觉就像荒漠。其实水下干活，潜水员就像单兵作战一样。

此时，潜水医生吉宏伟正密切关注着舱内的情况。加压过程中，潜水员容易被诱发高压神经综合征、加压性关节疼痛、呼吸困难等不良生理反应。一旦有人出现此类症状，吉医生必须马上采取措施。

胡 建／上海打捞局潜水队长、饱和潜水员

我个人感觉到了400米的深度，呼吸阻力变大了，胃口慢慢地变差了，体能消耗很大，对噪声变得比较敏感，睡觉也睡得不是很踏实了。

而汪有军的任务是，实时监测潜水员的脑电波，确保他们没有出现高压神经综合征反应。由于无法进入高压舱，所以他只能在舱外指导潜水员自行完成脑电图的检测操作。

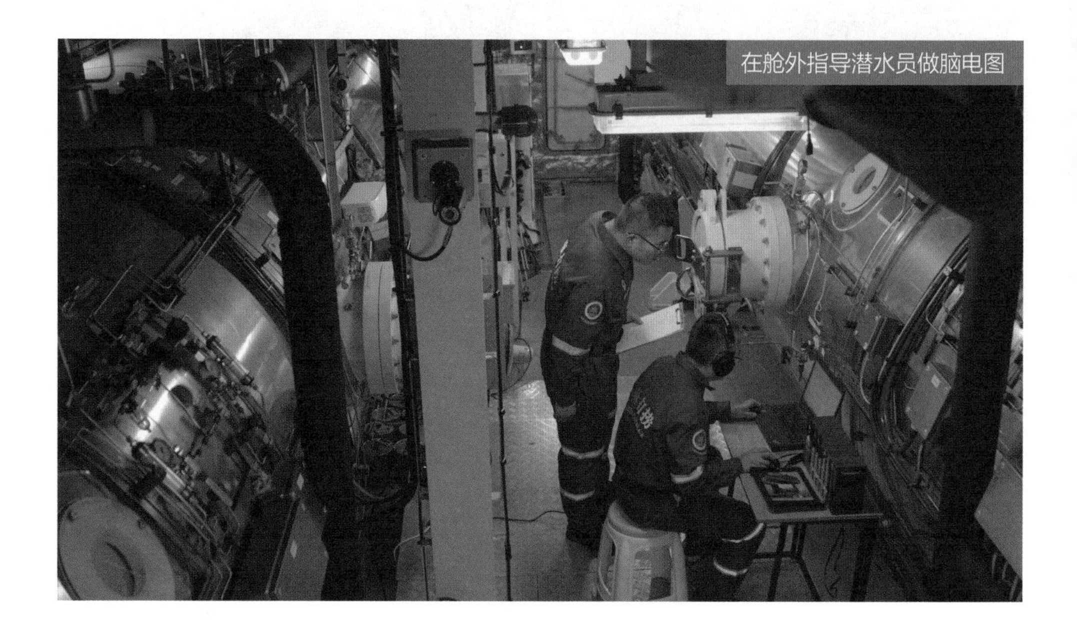
在舱外指导潜水员做脑电图

凭借强健的体魄和丰富的饱和潜水经验，胡建团队顺利挺过了 400 米关口。但舱内的压力还在持续升高，420 米，430 米，440 米！面对常人难以想象的可怕压力，队员们能挺过这极限大关吗?

从上海横沙岛北上 540 千米，山东青岛北船重工，建造中的“深达号”已经出坞下水，正在进行船舶舾装和设备调试。

“深达号”长 177.1 米，宽 33 米，排载量 13500 吨，续航能力 10000 海里。建成后，上海横沙岛的两套 500 米饱和潜水装备，将被安装到“深达号”主甲板的预留位置上。

张 敏
武船集团设计院“深达号”总工艺师

“深达号”最突出的功能，就是饱和潜水这一块。整个船舶的设计和建造，包括我们的工艺，都必须围绕“饱和潜水”这个目标来展开。它也是世界首套可拆卸的饱和潜水系统，所以安装精度要求非常高，都要达到微米级。

舱内，压力正在逼近 500 米大关。所有人都心怀忐忑，因为实验能否取得成功，关键在此一举。

490 米，495 米，500 米！胡建和队友们的身体状态十分稳定，500 米饱和潜水极限大关，终于顺利闯过。

加压控制室

03-1

在湖北荆门漳河机场，上午十点半，“鲲龙”的雄姿出现在机场上空，准备向布置在地面的测量点进行投水。

赵玉河

中航通飞华南飞机工业有限公司总经理助理，AG600 试飞安全总监

我们在试验场布置了多个测量点，飞机投水后，我们要测算出单位面积的水量。投水试验同时也是为了让试飞员摸索出投水的规律，怎么才能精准地把水投到火场上，目的就是将来能达到理想的灭火效果。

根据地面的火势，“鲲龙”既能一次性将 12 吨水全部投下，也可以分多次投水，并且单次投水面积超过 4000 平方米。

现在，撼人心魄的一刻终于来到了。当“鲲龙”飞行到 50 米高度时，投水舱门瞬间打开，12 吨水向着地面测量区域喷泄而出。并且按照预先设定的不同飞行高度、不同投水速度和不同的投水量，连续 5 次往返重复投水。

在速度和风力的作用下，“鲲龙”在空中的 5 次投水，时而呈现宽阔的雨幕，时而形成盘旋的飓风，时而又仿佛翻腾的蛟龙，姿态各异，蔚为壮观。

“鲲龙”AG600 投水试验

事实上，除了森林灭火，“鲲龙”的另一大功能，是水上救援。目前，中国每年发生海难事件超过 2000 起，遇险人员浸泡在海水中，体温会迅速下降。在 10 摄氏度以下的海水中浸泡 15 分钟，人就会失去知觉。浸泡在 15~20 摄氏度的海水里，生命可维持 2~5 小时。因此，海上救援的最佳黄金时间，就是 2~5 小时。

而“鲲龙”，航速可达每小时480千米，是船航行速度的10倍。它能迅速赶往灾难现场，并在两米浪高的情况下直接降落水面，与死神赛跑，争取黄金救援时间。“鲲龙”的机舱内能容纳50名遇险者，是名副其实的“生命方舟”。

黄领才／中航通飞华南飞机工业有限公司总工程师

我们不仅仅只是在做一款飞机，实际上我们是在做一件大的功德。这款救苦救难的飞机研制出来了，它会拯救多少人？

投水试验圆满完成，此刻，最高兴的人，莫过于“鲲龙”的试飞团队。

赵　生／航空工业AG600首席试飞员

试飞员的主要作用，就是把飞机的特性摸索出来。飞行员飞的飞机一般都是成熟的飞机，但是试飞员飞的飞机，往往是刚刚生产出来的，或者做了大的改动之后，需要重新摸索它的特性。

试飞团队的任务是，把“鲲龙”的“飞行包线”探索验证出来。“飞行包线”是指飞机的飞行范围和飞行限制，如飞机最高能飞到什么高度，最大的速度是多少，安全坡度又在哪里，这些都需要试飞员通过试飞去摸清情况。

赵 生／航空工业 AG600 首席试飞员

试飞的过程，就是要把飞机在水面运行过程中不出现危险状况的边界飞出来。也就是说，我们必须在风险的边缘试飞这架飞机。

试飞员犹如探路者，验证“鲲龙”是否达到了设计要求。他们把试飞过程中所遇到的问题，及时反馈给设计师，以便改进和优化设计。

03-2

在安徽宿州废弃采石场，ET120 已卸下挖斗，换上新装备——破碎锤。它的任务是击碎花岗岩。

ET120 的伸缩臂，可搭载不同的机具。除了挖斗，还可更换岩石锯、打桩锤、液压剪、消防炮等功能各异的机具，根据灾难现场的实际需求，用不同的机具执行不同的任务。

比如，在地震灾后救援中，ET120 只需换上液压剪，就能迅速剪断钢筋，协助救援人员扒开废墟，拯救生还者。

再比如，火灾现场遇到消防车难以进入的地势，ET120 只需装上消防水炮，就能攀爬到消防车上不去的位置实施灭火。并且由于可遥控操作，ET120 因此能离着火点更近，灭火效率更高。

配备液压剪的 ET120

在液压油缸的驱动下，ET120 的破碎锤正以千钧之力，击中岩石。而在抢险救灾活动中，破碎锤能够快速粉碎路障，为救援车辆开辟通道。

具备十八般超强武艺的 ET120，操作起来却并不复杂。

张　旭／ET120 智能救援机器人驾驶员

我感觉 ET120 就像是我的玩具，操作起来特别容易上手，我也特别喜欢它。

配备破碎锤的 ET120

仅凭 2 个操作手柄和 3 个踏板，张旭就能让它完成 45 个复杂动作，体现了装备控制系统的高度集成化。

03-3

河南郑州，急救小队与死神的赛跑正在争分夺秒。从黄河东路驶入未来路，距离省人民医院还有 2.1 千米。但此时，马路上开始堵车。

李顺清启用了超声 5G 远程传输功能，把患者的心超图像，实时传输给医院急救中心。让医生在患者被送达之前，第一时间掌握病情。

李登辉 / **河南省急救中心护士**

心肌梗死的病人，他的心肌酶的变化在 4~6 小时。也就是说，他的时间窗是在 4~6 小时之内。心肌细胞在不可逆受损达到最严重的情况下，更快的救治时间，可以把心肌细胞受损数量减到最小。我们尽量把这些损害降到最低！

下午 2 点 45 分，来自心内科和超声科的医生开始远程会诊。图像显示，患者心室局部收缩运动减弱，并伴有节段性室壁运动异常。会诊医生的初步诊断是，急性心肌梗死、缺血性心肌病。

远程会诊

袁建军／河南省人民医院超声医学科主任

超声最大的价值，在于它的灵活性。可以在第一时间、第一现场，把病人最重要的影像学信息，传达给我们医生来进行处理。

在对病情作出评估后，会诊医生制订了救治预案：开启绿色通道，患者入院后先送急救间抢救，然后去导管室做造影，以进一步确诊病情并施救。

孙培春／河南省人民医院副院长

随着救援体系的建设，先进的可移动的便捷式医疗装备，能迅速到达救治现场，大大缩短了诊断时间，有效地挽救患者的生命。

此刻，救护车距离急救中心还有 1.1 千米。然而，这物理上的短短里程，牵动的却是一盘大棋。事实上，像这样院内院外、线上线下的联动医疗急救活动，可以拓展到万里之外。

何绪金／迈瑞医学影像事业部总经理

要想让超声的诊疗价值得到更广泛的覆盖和应用，它就必须走出三甲医院，走向低级别的医疗机构，比如基层甚至更远的乡村。从发达地区走向不发达地区，走向偏远的山区。

警报呼啸中，救护车从车流拥堵的经一路突围，在经过连续3个红绿灯路口之后，顺利抵达急救中心。

从120平台接到求救电话，到患者被送至急救中心，共用时45分钟。其间，车载急救设备和便携式超声仪的运用，形成院前急救和院内救治无缝衔接，为心梗患者争取到了最佳的黄金救治时间。

03-4

在上海横沙岛饱和潜水基地，终于闯过了500米大关的胡建团队，此刻却不能放松，因为另一项极限考验接踵而来。他们必须在51个大气压的高压舱内，生活整整7个昼夜。

其间，潜水医生要对他们做一系列的测试，以检测高压环境中他们的大脑神经及身体各部是否正常。

首先测试的是滚珠投注。高压环境可能导致潜水员神经系统失调，从而影响水下作业的精准性。而滚珠投注，能直观反映潜水员的手、眼、脑是否协调。测试结果表明，高压环境下，他们的思维和身体状态良好。

接下来是拼图游戏。通过将具有接壤关系的拼图碎片精准拼接到位的行为，检测高压环境下队员们对客观事物的辨识能力。拼图游戏证明，他们的身体能适应500米深水高压环境。

与此同时，一架手摇自行车被放置到实验用水箱内，潜水员正在接受“运动状态呼吸测试”。要在500米的深渊开展潜水作业，潜水员不仅需要清醒的头脑，更需要强壮的体魄。从一开始缓缓摇动手柄、呼吸均匀，到逐步加快手摇速度、呼吸急促，潜水员在高压环境下优异的体能，得到了验证。

最后，是“入潜钟”测试。当潜水员从“过渡舱”进入同等压力的“潜钟”后，“深达号”母船会将潜钟放入 500 米深的水下，潜水员出潜钟展开深水作业。

王志强／上海打捞局设备保障主管

潜钟内和潜钟外的压力是平衡的，我只需要把钟门打开，潜水员从潜钟里出来，就可以进行水下作业了。

完成作业后，潜水员将返回潜钟，母船再将潜钟提回。通过潜钟与过渡舱的对接，让潜水员返回舱内休整，为下一次深水作业做准备。

现在，胡建团队必须完成“入潜钟”的全流程操作，同时穿戴“潜水头盔”，与“脐带缆”进行对接。脐带缆是母船连接潜水员的纽带，“深达号”正是通过脐带缆，向潜水员输送呼吸用气、循环热水和信息，这就是“生命支持保障系统”。

韩旭雁／上海打捞局“深达号”轮机长

“母船”这两个字非常贴切，潜水员就好比妈妈肚子里的孩子，通过脐带缆跟我母船相连，就像妈妈用脐带跟孩子相连。妈妈对孩子的保护，就是通过这一系列的生命保障系统来实现的。

“入潜钟”测试完成后，接下来，就是漫长的等待了。由于他们的身体已经适应了 51 个大气压，要想重返地面，胡建和他的队友们必须重新减压至一个大气压。而减压需要 21 天，数倍于加压所需要的时间。

吉宏伟／上海打捞局潜水主任医生

如果减压减得太快，气体就来不及从肺里交换出去。这些气泡就会积累在人体组织里，比如肌肉、关节、皮肤下面，就会产生挤压作用。如果挤压到神经，就会引起神经系统的反应，比如瘫痪。如果阻塞在脑组织里，就会造成脑组织缺血坏死，更严重的可能导致死亡。

等待，是难熬的。捉襟见肘的空间，近在咫尺的面孔，早已聊完的话题……减压的日子，漫长而寂寞。好在，潜水医生每天要对他们进行气泡测量，以监测他们的体内气泡是否正常排出，防止产生减压病。

减压中的胡建团队

04

落日余晖中，机务人员正在给“鲲龙”做维护，为圆满完成投水任务的它拂去风尘，洗去疲惫。“鲲龙”凝聚着中国20个省市、150多家研制单位、10余所高校、数以万计科研人员的辛勤与智慧。千百次用心试炼，融进它钢铁的躯壳，成就了不朽的“方舟”。

而极限挑战成功过关的ET120，也收敛起张扬灵动的钢铁之躯，静静地待在张旭身边，等待着再一次踏上征程。

在河南郑州，当救护车将患者送到急救中心时，医院已经做好了相应准备，通过绿色通道，将患者直接推进急救室。

机务人员对“鲲龙”AG600做维护

而事实上，这并非真正的紧急救治，而是一场模拟实战演习。“患者”其实是一名志愿者，他当然是健康的。会诊大夫们看到的图像，是超声仪调取的库存资料，并通过5G远程传输到会诊室。在急救中心，借助国产便携式医疗装备，这样的急救技能演练，会不定期举行。

在饱和潜水实验基地，为期21天的减压终于迎来了最后一天。在生命支持保障系统的全天候精密监护下，胡建和队友们安全出舱，凯旋。而出舱，标志着中国首次陆基载人500米饱和潜水实验，获得圆满成功。

从身手不凡的ET120，到至轻至精的便携式超声仪；从入海为鲲、扶摇成龙的“鲲龙”AG600，到拥有先进的载人500米饱和潜水装备的“深达号”；它们，仿佛无声的誓言，给身陷危难的人们，带来重生的希望。因为，缔造它的人心怀执念：生命高于一切！

船首焊接

彩蛋

胡　建 /
上海打捞局潜水队长、饱和潜水员

做救捞潜水员，心理肯定要强大，尤其是面对像重庆坠江公交车救助时看到的那个惨状。当时我们在进行水下搜寻，潜水员还没发现，我看到他镜头里扫过一个脚底板，我就提醒那个潜水员。他一摸，是个小孩子，大概 3 岁到 4 岁左右。然后小心翼翼地把她抱出来，孩子非常可怜，而且长得很漂亮，像个洋娃娃。救她的那个潜水员，他小孩跟她差不多大，我小女儿也跟她差不多，所以当时现场那一幕，我们很多人都掉眼泪了。

黄领才 /
中航通飞华南飞机工业有限公司总工程师

第二天就要首飞了，前一天晚上半夜 1 点多我还在现场。我是围着飞机左转三圈、右转三圈，就像看着自己的孩子要远离家门一样。我很少在外人面前流泪，第二天我们的飞机上了跑道，飞机离地的那一瞬间，我的眼泪“刷”地就流下来了，话都说不出……

胡　建 /
上海打捞局潜水队长、饱和潜水员

船倒扣了，里面有活人，我们得第一时间把他们救上来。如果遇难了，我们也要第一时间把他们的遗体打捞上来，交给他们的家属，多少也是给他们一种安慰。

赵玉河 /
中航通飞华南飞机工业有限公司总经理助理，AG600 试飞安全总监

有时候，我跟身边的年轻人讲，咱这一辈子，到你退休那天，或者你将来对你的子孙吹牛的时候，说哪个哪个装备是你爷爷一手抓起来的，那也是很自豪的一件事。

Chapter Two
第二章
影像里的“超级装备”

拍摄日志 01 与大力神在一起的四个日夜

大力神与“小矮人”

这次的主角，是声名赫赫的“海上大力神”——振华 30 号。

它自重超 8 万吨，长近 300 米，宽 58 米，光是甲板就有两个半标准足球场那么大，体量相当于中国的辽宁舰航母。当它在固定吊载，也就是被吊载物处于船首时，臂架的最大起吊能力为 12000 吨。按一辆家用轿车 2 吨重来计算的话，相当于可一次起吊 6000 辆小轿车。而当它在全回转吊载，也就是被吊载物处于船身一侧时，臂架的最大起吊能力为 7000 吨，相当于 3500 辆家用小轿车的重量总和。

振华 30 号是当今世界上单臂起吊能力最大的海上浮式起重装备，赫赫有名的港珠澳大桥的海底沉管，就是由它参与吊装完成的。

晨曦中的振华 30 号

2021 年 2 月 5 日，振华重工上海长兴岛基地，在振华 30 号长 125 米、相当于 40 层高楼的起重机臂架底下，出现了一群“小矮人”，他们是《超级装备》第二季摄制组的小伙伴。

说“小矮人”，可没有身高歧视的意思。没有对比就没有高低嘛，不说别的，单说大吊机的吊钩，一只就重达 220 吨，相当于 44 头成年非洲大象的总重量。跟大吊机相比，姚明都成了“小矮人”呢。

话说这群“小矮人”天刚蒙蒙亮就赶到码头，扛着几百斤重的摄影器材爬上甲板，为了拍摄振华 30 号的“超载试验”。

现代版“曹冲称象”

作为起重船，振华 30 号当然有额定的最大起重量。而“超载试验”，就是将额定的最大起重量乘以 1.1 倍。这是“大力神”在服役生涯中必须通过的一次极限考试，只有超越极限，未来它才能举重若轻。

第一场考试，是“全回转超载试验”。振华 30 号在全回转状态下，最大起重量为 7000 吨。“超载试验”就是 7000 吨乘以 1.1 等于 7700 吨，相当于“大力神”必须一次将 128 节高铁车厢提升起来旋转半周。

驳船从船首被回转至船侧示意图

2 月 6 日清晨，天气晴朗。重达 7700 吨的试验用驳船已经整装待命，振华 30 号不仅要将驳船提起来，还得一边起吊一边回转。如果把起重机臂架比作“大力神”擎天的臂膀，把爪钩比作手掌，把甲板比作踏浪远行的腿脚，那么，回转底盘就是它的腰板。“全回转超载试验”最考验的，就是“大力神”的腰功。

底盘的能力了得，秘籍就在于承重滚轮。直径 42 米的底盘，轨道上分布着 690 只承重滚轮。根据制造工艺要求，底盘必须反向加工，待加工完毕后再翻身安装其他部件。然而底盘自重 2200 吨，相当于 14 条海洋中最大的鲸鱼蓝鲸的总重量。而当时最大的吊机也只能单钩起吊 1000 吨，怎么才能让如此硕大的底盘翻过身来呢?

回转底盘

振华设计研究总院副总工程师严兵老师说，急中生智之下，制造团队创造性地采取了“水中翻身法”。将超大底盘放入水里，借助水的巨大浮力，单钩1000吨的吊机就将底盘翻过身来了。这绝对称得上是现代版的“曹冲称象”，严老师顿时赢得了摄制组小伙伴的集体膜拜。

“自虐”式超负荷考试

考验了腰功，接下来的第二场考试——“固定吊载”超载试验，要考验的则是“大力神”的臂力！振华30号的起重机臂架，由两个吊臂节段组成稳定的三角形结构，形成合力汇聚到一个吊点上，因此拥有了举世罕见的强劲力量。

2月7日，原本7700吨重的试验用驳船，通过向压载水舱压水的方式，加载到了13200吨，达到额定12000吨起重量的1.1倍，相当于埃菲尔铁塔加12架空客A380的总重量。88根比人类小腿还粗的钢缆，与驳船的88个吊点连接完毕。“大力神”必须把驳船提升到距离水面2米的高度，才算考试满分。

而对于摄制组来说，这同样是一场高难度的考试。一般情况下，影视拍摄常以“再来一遍”作为保底，拍摄效果不理想或未达到导演要求的，可以“再来一遍”。但对于振华30号的“固定吊载”超载试验，摄制组却不可能要求“再来一遍”。

因为整个起吊过程只有短短半个多小时，而“超载试验”意味着船上所有机构都在“自虐式”地超负荷运行，光是发动机运转的电费就高达数万元，因此摄制组无法要求它中途停顿或“再来一遍”，必须一次拍摄成功，不能有意外，更不许失败！

好在开拍前韩导与摄影组就“纸上谈兵”制订了周详的拍摄方案。到了现场，除了常规机位的布置，再将几只“狗”（小伙伴都习惯把 GoPro 叫做“狗”）安装到特定位置，用来拍摄富有冲击力的主观镜头。同时，派出一支小分队乘拖轮到海上，远距离拍摄起吊过程。航拍师则适时将无人机放飞到空中，拍摄鸟瞰全景。当然，不会遗漏要在起重机驾驶舱架设一台机器，从吊机长季师傅的视角进行拍摄。

起吊开始了！富有经验的季师傅有条不紊地操作着手柄，88 根钢缆紧绷着，重达 13200 吨的试验用驳船被缓缓吊离水面。“大力神”毫不吝啬地付出了全力，超载试验完美成功。

而摄制组小伙伴也完美地记录下了超载试验的全过程，完成了所有近的、远的、客观的、主观的、地面的、鸟瞰式的拍摄，为后期剪辑提供了更多的选择空间。

摄制组的“大奔”

上海长兴岛有一片茂密的“钢铁森林”，密密麻麻耸立着一座座高大雄伟的桥吊，那是振华重工的港机制造基地。

日落中的港机制造基地

2月8日傍晚，摄制组去拍摄“森林”日落。由于“森林”太大，而日落时间又短，小伙伴只有尽量缩短变换机位的时间，才能实现对稍纵即逝的落日的多角度拍摄。

然而，在偌大的“森林”里辗转拍摄，加在一起好几百斤重的设备全靠人背肩扛，要想“腾挪”得快一点并不容易。

这时，早已累得气喘吁吁的技术员亮亮忽然两眼放光，死死盯着前方——注意！前方高能！居然有一辆小推车！

其实，在拍摄过程中，振华 30 号为摄制组提供了丰富多样的运载工具。比如，在甲板拍摄时用平板车装载器材，登船时用“吊笼”把器材运上船。又如，在走廊拍摄时用小餐车装设备，远距离拍摄时用拖轮运送人和机器……因地制宜，就地取材。

眼下的这辆小推车，很可能是之前在“森林”里干活的师傅留下的，因为临近春节走得匆忙，没来得及收拾。不过这倒成了摄制组的“救星”，只见亮亮兴奋地飞奔过去，高高兴兴地推来小推车，迅速将器材装上了车。

摄制组在港机制造基地

在大伙儿眼里，这辆又破又丑的小推车，绝对能与任何一辆豪车相媲美，甚至它就是摄制组最心爱的“大奔”。

瞧，录音师晓峰歪戴着安全帽，手拉小推车，迈着轻快的步伐，行进在夕阳余晖里。（此时应有歌声响起：阳光，沙滩，仙人掌，还有一位老船长……）

Full High!!! 船长

来说说老船长，不过振华 30 号的船长还不老。

船长名叫汤洪流，每个字都带水，颇有“时代洪流浩浩汤汤”的气概。汤船长自谦“命里缺水”，不知是真是假。但有一点不会假，自与振华 30 号结缘，此生应该不会再缺水了。

做超载试验，振华 30 号必须泊岸进行。但为了让摄制组真切感受到巨轮在海上航行的景象，汤船长率大副陈双和操舵手小田，安排了一场模拟航行。

振华 30 号的主驾驶室

在宽敞而富有现代感的主驾驶室，大副陈双专注地观察着电子海图，操舵手小田双手紧握舵轮。汤船长身着笔挺的制服，目光炯炯地注视前方，果断下令：“Full High!!!”小田大声回答：“Ready Full High Captain!!!”

摄制组小伙伴们都惊呆了，并非因为船长的英语带有浓厚的老家江苏乡音，而是被他们的气势震撼到了。发令者目光如炬，声如洪钟，操舵手情绪饱满，气冲云霄。脑补一下他们驾驶着中国巨轮航行在茫茫大海上并高喊“Full High!!!”的景象吧，一个字，帅！

汤船长为摄制组模拟航行

在海上航行，振华 30 号不仅经常与外国船只相遇，还经常在别国港口停泊和补给，因此，用英语下达指令和进行交流，便成为国际惯例。只是摄制组没有想到，“Full High”留下的“后遗症”还真不少。

接下来的几天拍摄，小伙伴不知是太受感染还是被“洗脑”了，明明心里想说“加油”，嘴里蹦出的却是“Full High”。比如，“大个童爬上爬下要注意安全哦！”“Full High!!!”比如，“海哥镜头再往左摇一点构图会更漂亮哦！”“Full High!!!”再如，“给眼镜陈今天的超能表现点个赞哦！”“Full High!!!”

“Full High”成了摄制组的“胎记”，适用于各种场景。今后若在江湖相遇，只要一说“Full High”，就知道是《超级装备》的人了。

“治愈系”蛋炒饭

2月8日晚上，拍摄任务顺利完成。船上的大厨除了犒劳大家好酒好菜，还特地做了满满一大盆蛋炒饭。如图，以大厨手里的脸盆为证。

说起振华30号的大厨，不得不说，他本事可不小，做蛋炒饭尤其是一绝。色泽金黄、米粒饱满、软硬适中，蛋香里透出淡淡的洋葱清新，蔬鲜中洋溢浓浓的火腿馥郁，吃得小伙伴赞不绝口。

摄制组与“振华30号”大厨

蛋炒饭人人会做，本是最普通的家常，大厨却做得不普通、不寻常，这就是本事。好吃到什么程度呢？小伙伴干活干累时，居然可以拿蛋炒饭来激励自己。

拍摄超载试验时，为了从更多角度拍到大吊机的雄姿，摄影组时而登上旋梯，时而攀下拖轮。技术员亮亮扛着沉重的设备，也跟着爬上爬下。韩导心疼地问，“累不累？”亮亮笑答，“没事，晚上多吃两碗蛋炒饭就不累了。”

好家伙，这哪是蛋炒饭？分明是“治愈系”蛋炒饭嘛。

完成拍摄任务后，面对好吃又足量的蛋炒饭，小伙伴不吃到喉咙口不算，还非常“过分”地把没吃完的蛋炒饭全部打包，一人一份带回家。不过，这也算是对大厨最好的赞美吧。

披着“钢铁森林”里可以车载斗量的金色夕阳，耳畔回荡着洪亮的“Full High”，见识了“大力神”举世罕见的擎天臂力，回味着齿颊留香的“治愈系”蛋炒饭，四天的拍摄匆匆而过，唯有回忆和感悟永留心头。原来，在强悍有力又忠诚低调的中国超级装备的背后，有一群可爱又可敬的人，他们，才是真正的“大力神”！

摄制组与船员合影

拍摄日志 02
诗与远方的机器岛

巍峨的钢铁浮城

在距离大陆架 150 千米的南中国海，一座由 24000 多个零部件组成的举世无双的“机器岛”，被 16 根“定海神针”——单根长度超 2500 米的高科技锚链，系泊在茫茫大海上。通体明朗的黄色涂装映衬着碧海蓝天，体量惊人，颜值爆表。

这座岛，叫“深海一号”，是中国自主建造的全球首座十万吨级半潜式能源生产平台。

它长 120 米，宽 100 米，投影平面相当于 2 个标准足球场。它高 120 米，比美国自由女神像还高 27 米。总重量超 5 万吨，最大排水量 11 万吨，相当于 3 艘中型航母。

“深海一号”与航母示意图

平台的上部是一座设施先进的化工厂，对来自深海的能源进行油气水三相分离。下部为 4 个有着 20 多层楼高的浮体立柱，它们既为平台提供浮力，更被巧妙地设计成 4 个巨型储油仓，储量相当于两个“水立方”。

而在肉眼看不见的海面下，7 条输油管源源不断地将来自深海的油气输送到平台上。一根叫做“脐带缆”的高科技管线，一面为水下生产提供动力，一面注入化学药剂，防止油气低温冻结和水合物生成。

摄制组来到“深海一号”

在未来的 30 年里，它将坚如磐石，稳若泰山。

2021 年 3 月 5 日，《超级装备》第二季摄制组来到了这座钢铁浮城。

见到了外部世界来客，已连续在海上工作数月的徐化奎总工程师格外高兴，如数家珍地向大伙介绍说，深海一号的设计寿命是 30 年，但一些关键点的疲劳寿命可以达到 150 年，在 30 年的基础上再加 4 倍余量。而特别关键的地方，则达到 300 年疲劳寿命，是 10 倍的安全系数。百年一遇的台风正面袭击时，深海一号还有 1.67 倍的安全系数。

百年一遇的台风有多大？风速每秒 55 米。世界上跑得最快的短跑运动员，每秒大概能跑 10 米，台风可要比他们快 5 倍多呢。百年一遇的浪有多高？ 23 米。千年一遇的浪又有多高呢？ 29 米。不过即使到那个时候，深海一号仍然还有一倍的安全系数。

深海一号是先进机器的集大成，有由航空发动机制成的强健心脏，可以下潜到 1500 米深海作业的 ROV 水下机器人，形似巨型“甜甜圈”的脐带缆卷，还有如“天梯”般通往未至之境的深邃管井……

摄制组在深海一号拍摄 ROV 下水

原来，“机器岛”不仅“颜值爆表”，更是“秀外慧中”。不过，在接下来的五天拍摄中，让摄制组印象最深的，还是“机器岛”上的“岛民”。

“深海一号”的大男孩们

波波和董晓宇是一对暖男，负责协调摄制组在深海一号的各项拍摄事务。两人心细如发，无微不至。

在 40 多摄氏度的平台甲板上拍摄，烈日能很快蒸发掉身体刚刚喝下的一瓶水，同时灼伤皮肤。钢铁机群在热带阳光的直射下，似乎连影子都佝偻卷缩起来。

不过，每当最郁闷酷热的时刻，拍摄现场总会爆发出一阵尖叫。原来是波波，像变戏法般地突然变出一大堆冰镇可乐，引起一片狂欢。

这可不是在陆地上，而是在距离大陆架 150 千米的大海上。这么暖的波波，谁不为他动心呢?

防晒武装

董晓宇是波波的好朋友，也是摄制组的“开心果”。

平台甲板上没有遮蔽物，紫外线畅行无阻，热浪滚滚。然而董晓宇却说，这可是360度无死角日照海景房，听得大伙乐呵呵的。

善于把苦味调和成甜味，是一种天赋。

午餐间隙，摄影师大个童指着墙上的深海一号设计图样，问董晓宇，这不便宜吧？董晓宇认真思索了几秒钟，答，这东西，10个亿的工程预算它占了百分之三，也就三个亿吧，当然不便宜。

大个童满怀敬畏地点点头，果然厉害！谁知刚一转身，就听背后一阵爆笑。大个童反应过来，这是在赤裸裸地嘲笑他数学是体育老师教的呀。

几天下来，大个童、亮亮、波波、董晓宇越发“情深意长”起来，四人索性自封为“深海一号 F4”。

深海一号 F4

如果说波波暖心，董晓宇有趣，那么程纠就是帅气了。

程纠是“80 后”，学石油机械专业。在接受摄制组采访时，韩导问他，知道“铁人王进喜”的故事吗？

程纠回答，“看过他一些动画，寒冷的天气人在泥浆里扶钻杆，确实很感动。但我们现在无论是技术条件还是物质条件，都比那个年代要好很多，所以我们比王进喜更幸福”。

“假如让你穿越到王进喜的年代，你会希望成为他吗？”这个提问有点狡猾。

程纠毫不犹豫地回答，“我无法想象我会成为什么样子。但我觉得，我们这代人应该会做更大的贡献，为我们国家，为中国的海洋石油”。

工作中的程纠

说得真好！无论是自封“深海一号 F4”的波波和董晓宇，还是飞扬超脱的程纠，真诚、单纯和快乐是他们的底色。

海上“女神”节

晚上，结束了一天拍摄任务的摄制组照例集中在深海一号的会议室，一边安排次日的工作，一边整理当天拍摄的素材。

会议桌对面，是深海一号的建设者，有开会谈工作的，有码字查资料的。原来，会议室是整座“机器岛”网络信号最强的地方，摄制组每晚与平台的老师们合用一张会议桌，各开各的会，倒也成了一道短暂而别样的风景。

刘新宇老师是每晚必到的。他是整个作业平台的协调人，内务外勤，上通下达，事无巨细，全集中到他身上，怎能不忙？

只是摄制组没有想到，晚上八点，深海一号的大厨端着大蛋糕和大果盘突然来到会议室，随即，响起一片祝福声，“‘女神’节，快乐！”

摄制组与深海一号建设者合用会议室

海上没有信号，拍摄任务又重，大伙早忘了今夕是何夕。看到这幕情景，以韩导为首的三位“女神”才意识到，原来是“女神”节到了，顿时又惊喜又感动。

其实，早在出发前，包括三位“女神”在内的摄制组全体同人，是做好“打地铺”的心理准备的。

“平台正处于忙碌的调试阶段，人员超额，空间有限，请各位做好打地铺的思想准备。”一条信息让“超级装备”工作群炸开了锅。大家纷纷讨论该带什么物品，除了牙膏、牙刷、防晒霜、换洗衣物、维生素，买帐篷也被提上了议事日程。大不了晚上搭帐篷睡甲板呗！

3 月 5 日中午，一架直升飞机把摄制组从三亚送上了深海一号。

一下飞机，平台上的老师们就笑容可掬地帮大伙提行李送往房间。打开房门一看，天哪，居然有床！两张上下铺，还带一个卫生间，大学宿舍的布局。不仅如此，干净被褥、洗漱用品应有尽有，甚至，还准备了零食。

什么情况？不是说好打地铺的嘛。小伙伴除了惊讶和欢喜，竟还有一丝没能体验到打地铺睡帐篷的“小失落”。你说人怪不怪？

深海一号共有 5 层生活楼，100 多张床位。但彼时，平台上集结了五大调试团队 200 多号人，很多工作人员只能打地铺睡觉，但他们却给摄制组腾出了房间。这不，小伙伴还没感动完呢，新的惊喜又接踵而至——“女神”节。

望着缤纷水果大蛋糕，再看一眼会议桌对面笑而不语的刘新宇老师，大伙儿心里明白，一切都是他安排的。不然呢？能培养出波波、董晓宇那样的暖男，还不是因为有他这个“暖男教父”嘛。

海上食材有限，没有奶油，厨师就用果酱和炼乳来替代，把西红柿雕刻成玫瑰，再用红樱桃拼出“节日快乐”。望着令人垂涎欲滴的蛋糕和眼前这些侠骨柔肠的钢铁直男，不光三位女同胞，就连沾光蹭吃的摄制组男同胞们，心都融化了。

赋予“胖妞”生命和灵魂

说起深海一号，有一个人是绕不过去的。尤学刚，深海一号项目总经理。

采访尤总，不在深海一号，而是在距离深海一号几千米外的“海洋石油 286”工作母船上。当时，他正在母船上“监工”脐带缆的对接。他告诉韩导，那天，是他接手深海一号的第 796 天。

举世瞩目的伟大工程，好几百亿的国有资本投入，关乎国家未来能源安全。重任在肩，寝食难安，难怪他把日子数得这么清楚，原来，他是“度日如年”啊！

聊起深海一号建造过程中的难忘往事，尤总说，原本应该 2020 年 3 月就进场的管线施工，因为疫情被延误到了 5 月。而 5 月的南海开始进入台风季，工程将面临前所未有的困难，他为此做好了最坏的打算。

摄制组拍摄“海洋石油 286”

可是，他没有想到，所有人都没有想到，2020 年的 7 月，居然没有台风！真的，一场台风都没有！这是 71 年气象记录里绝无仅有的。

就在那些没有台风的时间里，他和团队用 37 个昼夜，把 90 千米长、18 寸直径的管线一气铺设完成。

这是一个奇迹，也或许是中国人的努力，感天动地。

当问及对朝夕相处了 796 天的深海一号怀着怎样的情感时，他笑了，“我管它叫‘胖妞’，她就像我女儿，我每天都在赋予她生命，赋予她骨肉，赋予她血脉。当立管提拉成功的时候，我感觉她就要呱呱坠地了”。一番话，说出了他对“胖妞”的无限宠溺。

“您对它视如己出，但我知道您生活中也有个女儿，您有多久没回去看她、看您的家人了？”韩导话锋一转。

尤总沉默了，过了片刻，他说，“我母亲 2018 年去世了。如果说我欠家人的，我欠老妈一个忌日，我不是一个大孝子……”说着，他的眼眶湿润了。“我欠孩子的，欠爱人的，这话不假……”

韩导没有追问，只是默默递上纸巾。

尤学刚努力控制住情绪，继续对韩导说，每一个重大的里程碑节点，他在感谢团队的同时，都要深深地感谢站在他们背后的家人，因为他们的家人付出更多。

中国正赶上百年一遇的发展机会，作为渺小的个体，能参与到这项伟大的工程中，把个人命运与国家发展紧密相连，既是担当，也是幸运。而对他的人生来说，既是历练，更是修行。

“有些事情赶上了，但可能你没抓住。但是深海一号，我们既赶上了，也抓住了。心中有梦，就不畏风雨兼程！”

摄制组与尤学刚合影

是啊，心中有梦，就不畏风雨兼程。对于《超级装备》第二季的小伙伴来说，又何尝不是呢？

3 月 10 日，排得满满的五天拍摄计划圆满完成了。在平台的老师们依依不舍的送别中，直升机缓缓升空，载着摄制组向大陆的方向飞去。

飞机舷窗外，深海一号越来越远，平台上的人也越来越小。正是这些平凡、坚毅而深情的人，用热血铸造了一个个传奇，让深海一号成为一座举世瞩目的了不起的“机器岛”。

而在摄制组小伙伴的心中，深海一号也是一座岛，一座诗与远方且无法复制的快乐小岛。

暮色中的深海一号

拍摄日志 03
行到水穷处　坐看云起时

黑科技低热水泥

2021 年 4 月末，在白鹤滩水电站的拱坝顶上，出现了一群忙碌的身影，他们是《超级装备》第二季摄制组的小伙伴。彼时，大坝的混凝土浇筑工程已临近尾声。

白鹤滩水电站由大坝、地下发电厂和泄洪洞 3 个部分组成。大坝围成的水库相当于蓄能池，来自金沙江上游的水在此积聚势能。地下发电厂是能量转换器，把水的势能转换为电能。而泄洪洞则是能量消解器，当洪峰来临时，通过泄洪把水的势能消解掉。

在全世界总装机容量最大的十大水电站当中，白鹤滩水电站排名第二，仅次于三峡水电站。那么，它到底有多大呢?

摄制组在泄洪洞拍摄现场

窥一斑而知全豹，不说别的，就说拱坝吧。还记得《007 之黄金眼》中詹姆斯·邦德从胡佛大坝顶上跳下去的画面吗？胡佛大坝也是拱坝，但它才 221 米高，年发电量不过 20 亿千瓦时。而白鹤滩大坝坝高 289 米，浇筑它要耗费 803 万立方米混凝土，是埃及胡夫金字塔体积的 3 倍多。年发电量更是胡佛水电站的 30 倍，为 600 亿千瓦时。如果把山体两岸挖掉的土石方以一米见方堆叠的话，可绕地球整整两周。

大坝顶上，身穿白鹤滩工作服的摄制组小伙伴，正“混迹”于建设者队伍中，双脚陷在混凝土里，拍摄大坝浇筑景象。仅凭肉眼看，脚边的混凝土似乎并无特别之处，但它们内部却暗藏玄机。

白鹤滩大坝与埃及金字塔示意图

原来，混凝土在硬化胶结过程中会持续发热，温度会高达70~80摄氏度。而要让803万立方米混凝土自然冷却下来，大约需要140年的漫长时光。更严重的是，混凝土的坝体会开裂。混凝土表面因为跟冷空气接触会较快冷却收缩，但内部却仍在发热膨胀。随着热胀冷缩不断积聚，开裂将不可避免，“无坝不裂”也是世界难题。

如果白鹤滩大坝因为开裂而导致溃坝，瞬间的涌浪可高达210米，破坏力相当于2004年印尼大海啸的20倍。那么，中国的能工巧匠怎么破解这个难题呢？

摄制组在大坝浇筑现场

秘密，就藏在貌似普通的混凝土内。白鹤滩大坝是世界上第一座用“低热水泥”浇筑的大坝。特殊的化学配方加上搅拌时添加冰块冰水，混凝土出厂时温度仅为 6 摄氏度。通过冷链运输，确保混凝土送到施工现场时，温度控制在 12 摄氏度。

浇筑时，在混凝土内部预埋降温水管，让 12 摄氏度的低温水持续流经管内带走热量，把内部温度始终控制在 27 摄氏度以下。一旦发现温度超标，中央智能控制系统就会自动加大水的流量，为大坝降温去火。“无坝不裂”的魔咒，就这样被中国人的巧思破解了。

大坝是不开裂了，不过摄制组小伙伴却裂开了。拍完混凝土浇筑后，他们一个个都成了“小泥人”。

白鹤滩的大风歌

一大早，摄制组就来到大坝底部，摄影师阿海打开航拍装备，准备来一次惊艳的飞翔：遥控无人机先贴着水面低飞，到了大坝跟前顺势快速升起，让坝内碧绿的湖水豁然眼前。可谁曾想，无人机还只刚刚飞到半空，就被一阵诡异的旋风打落下来。

白鹤滩所处的金沙江段，属于干热河谷地带。被横断山脉深度切割的特殊地貌，造就了它的荒芜，还有一种叫做“焚风”的干热气流。

“焚风”会毫无征兆地出没，到了晚上，更是肆虐嚣张。入夜，小伙伴们躺在营地招待所里，临睡前特意关紧门窗，可呼号的风还是会从门窗缝里钻进来，声声不绝，尖锐狂暴，仿佛金戈铁马入梦来。

不过跟《聊斋》里鬼魅的妖风相比，白鹤滩的大风显得狂傲不羁，倒像是汉高祖刘邦在击破敌军返回长安途经故乡沛县时，邀集父老乡亲饮酒击筑高唱的《大风歌》，“大风起兮云飞扬，威加海内兮归故乡，安得猛士兮守四方！”

只不过，初来乍到的摄制组还不解“风情”。面对热火朝天的大坝建设场面，阿海按捺不住满腔的创作热情，准备来一场酣畅淋漓的空中摄影。谁知，无人机刚被放飞，一阵“焚风”就拔地而起，一边将飞机往下打压一边撩拨翻转它。就这样，一个镜头没拍，飞机就一头栽到地上，翅膀也被折断了。

出师不利，阿海很是沮丧。多亏陪同拍摄的小卢记者面授机宜：大风经常会在中午时分“午休”，可以趁它“打盹”时再飞。一番话说得大伙云开日出，虽然大风折断了机翼，却折不断团队的斗志。

白鹤滩水电站建设场面

在神奇的鹦鹉螺里

有谁进入过鹦鹉螺里?

此时，摄制组仿佛来到巨人国，走进了一个巨大而神秘的鹦鹉螺内。螺旋形的奇异空间，橙色系涂装，使金属腔壁折射出一种魔幻而科技的光晕。

这当然不是鹦鹉螺，而是白鹤滩水电站水轮发电机组的核心构件——蜗壳。

摄制组在蜗壳

蜗壳位于水轮发动机的底部。来自金沙江上游的水，通过位于大坝两侧的进水口进入蜗壳。而进水口到蜗壳的垂直落差为200多米，相当于70层楼的高度。高位落差，使得跌进蜗壳的水流具有强大的能量。而蜗壳内部螺旋形空间结构又进一步加大了水的势能，冲击转轮高速旋转，把水的势能转化为机械能。同时转轮又带动转子高速旋转，把机械能再转变为电能。

白鹤滩的王霄老师告诉摄制组，建造蜗壳的材料叫“屈服780”，是中国用来建造航母的特强合金钢。不过用这种材料造蜗壳，最大的难点之一就是焊接。由于含碳量大，因此焊接时必须先把蜗壳加热到120摄氏度。焊工们得穿上厚重的隔热防护服，仰面躺在滚烫的钢板上进行仰焊。只有这样，焊缝才更紧致，蜗壳才能承受从70层楼高度跌落下来的激流的冲击。

拍摄快收工时，王霄老师神秘地告诉大家，一周后，蜗壳内部将充满汹涌的水，再也没有人可以进到里面了。

这么说，摄制组也算是为数不多的能最后光顾蜗壳的客人了？这也太酷了！

干了这碗“毒鸡汤”

结束了一天的拍摄，体能已经消耗到红灯预警的小伙伴，正加快步伐朝食堂方向赶去。忽然，道路旁一个蓝色标语牌引起了大伙的注意。

上面竟然写着：“一个男人上班却不注意安全，等于是在给另外一个男人打工；一个女人上班却不注意安全，等于是在给另外一个女人腾地。”

这也太有才了，居然整出这么刺激的“毒鸡汤”！不会是有人故意写了这么一块牌子闹着玩吧？

忘了肚子饿，赶紧找，看能否找到类似的“毒鸡汤”。果不其然，每隔一小段距离就会出现同样性质的标语牌。

“事故就是‘两改一归’，老婆改嫁！孩子改姓！财产归别人！”

“从前有位员工高处作业未系挂安全带，后来……后来他日子过得不错，每顿饭都有人喂。”

“我们允许你不遵守安全生产规程，前提是……把你的银行密码告诉家人！”

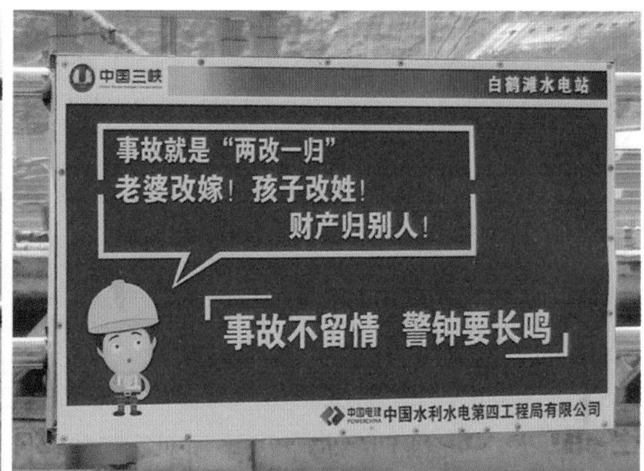

再仔细看，标语居然还是官方发布的，大伙儿顿时对白鹤滩负责安全生产教育的小伙伴另眼相看起来。确实，在将近 300 米的高坝上工作，等于在 100 层摩天大楼的楼顶上干活，不注意安全怎么行？

摄制组跑过的地方不少，也算见多识广，安全标语也见多了，但像这样不拐弯抹角、直白到“一针见血”的“毒鸡汤”，还是头一回见。当然，这碗“毒鸡汤”不仅适用于白鹤滩的建设者，也同样适用于摄制组。小伙伴每天起早摸黑，上坝顶，下湖底，登高塔，钻蜗壳，同样需要时刻注意安全。

远看像逃荒的

“每天窝在山沟沟里，跟土壤、岩石、炸药、混凝土打交道，一干就是十年、二十年、三十年，不是死心眼谁愿意来？”

这是白鹤滩工程建筑部大坝部副主任、全国劳模王克祥在接受摄制组采访时说的话。

王克祥接受摄制组采访

不过，让小伙伴印象更深刻的，是他接下去说的一句话，“干咱们这行的，远看像逃荒的，近看像要饭的，仔细一看，是搞水电的”。

怎么就这么耳熟呢？简直就像是从本圈直接复制过去的。“远看像讨饭的，近看像逃荒的，再走近一点看，哦，原来是拍纪录片的。”

实际上，像逃荒的可不只有搞水电的。为了拍摄缆机横跨金沙江、混凝土吊罐在坝顶此起彼落的壮美景象，摄制组爬上高悬在空中的缆机维修栈道，在狭窄的栈道里时而猫腰、时而辗转地拍摄，直到两小时后从缆机上下来，才发现浑身沾满了油污。缆机要在空中运行自如，机械构件里当然得注满润滑油，小伙伴哪能不蹭一身油污呢？

摄制组登上缆车维修栈道

摄制组在栈道上拍摄大坝

拍纪录片，又脏又累，只不过拍的人不在乎。既活在自己的人生里，又能在别人的经历中活一把，一生多面，脏和累只是其中一面，另一面，没准是人中俊杰呢。

拍纪录片和搞水电的，确实挺神似，都透着一股苍凉。一个是面对大江大河，与高山星空相望，比起亿万年的山川大漠，身边那些事算个啥？一个是看多了人间百态，明白王朝兴替也不过顷刻之间，更何况身边那些事。

也或许因为如此，这座体量惊人又稳重低调的白鹤滩大坝，才会深深扎根在大伙心中，让来自五光十色的城市水泥丛林的小伙伴为之震撼，为之感叹。

大风起兮云飞扬，一如这狂傲不驯的“大风歌”，白鹤滩水电站近 2 万名慷慨激昂的建设者，如同歌中的“猛士”，为缔造重器、安邦兴国而奋战。当然，这当中也有《超级装备》第二季摄制组小伙伴的身影。

摄制组在白鹤滩拍摄现场

拍摄日志 04
与“鲲龙”一起翱翔

入海为鲲　扶摇成龙

“北冥有鱼，其名为鲲。怒而飞，其翼若垂天之云。水击三千里，抟扶摇而上者九万里……”

两千多年前，庄周以非凡的想象力，勾勒出一幅雄奇瑰丽的画卷：像大鱼游刃于水中，像大鸟翱翔于天际。奋而起飞时，翼展仿佛悬于空中的彩云。翅膀拍击水面，激起三千里波涛；旋转扶摇而上，直冲九万里高空。

今天，一架超级飞行器，实现了中国人“上临九重天，下潜碧海渊”的梦想，它就是大型灭火 / 海上救援水陆两栖飞机“鲲龙”AG600。

2021年4月21日，《超级装备》第二季摄制组来到湖北荆门漳河机场。次日“鲲龙”AG600要迎战一场重大试飞任务，机务人员必须提前做好全机的维护。

下午3点，机库大门缓缓开启，午后的阳光如温暖的潮水漫进偌大的机库，“鲲龙”AG600光洁的金属躯壳沐浴在金色的光线里，魁伟、安详，稳若山岳，沉默如金。

摄制组在机库

身长 38.9 米，宽 38.8 米，高 11.7 米，上半部分是陆上飞机的布局，下半部分则按照高速船的外形参数设计。机翼下方的两个浮筒，能使它在水上漂浮时保持良好的稳定性。由于水的密度是空气密度的800倍，水的阻力要比空气的阻力大800倍，因此“鲲龙”除了要在陆地起飞，更要克服大于陆地 800 倍的阻力，实现海上起飞。

正是这样的构造，使它能上天入海，被誉为“会游泳的飞机”“会飞的船”。它也是当今世界在研最大的森林灭火 / 海上救援水陆两栖飞机，航迷们将它与运 -20、C919 并称为中国大飞机“三剑客”。

摄制组在“鲲龙”拍摄现场

在执行森林灭火任务时，“鲲龙”拥有在离着火点最近水域取水的能力。当它贴着水面滑行时，机腹底部的两个汲水斗会同时打开，在不到 20 秒的时间内汲取 12 吨水，装满腹中呈“田”字形排列的 4 个大水箱。并且一个长 1500 米、宽 200 米、深 2.5 米的水域，就能让它短距离助跑起飞，迅速赶往火场灭火。

而在执行海上救援任务时，“鲲龙”的最大航速为每小时 480 千米，是船的航行速度的 10 倍。并且能在两米浪高的情况下，直接降落水面救人，与死神赛跑，争取最佳黄金救援时间，被誉为“空中救护车”“海上避难所”。

“鲲龙”加满油，可一口气从北海飞到南海。真是应了庄周他老人家的话，“鲲之大，不知其几千里也！”

排成纵队走直角

连小孩都知道，两点之间拉一条直线是最短的距离。不过在漳河机场，这个经验失灵了。

摄制组抵达机场的第二天，正是“鲲龙”AG600进行“投水试验”的日子。“投水试验”是指飞机通过向布置在地面的数个着火点进行投水以测试其灭火功能的试飞。

一大早，摄制组就带着全套摄影装备来到机库，等待指令准备进入试验场开始拍摄。除了必须全程穿反光马甲，小伙伴还被要求排成纵队进场，并必须在规定的安全区域内走直角通行。

摄制组在做准备工作

不仅如此，每次移动前，都必须向塔台报告自己的所在位置及准备前往的目标位置，经塔台批准后才可行动。

就在大伙准备进入试验场之际，“鲲龙”团队协助我们拍摄的小吴老师突然“性情大变”，一改平素的腼腆寡言，变成了一个“话痨”。

“进到场内一定要排成纵队行进！”

“记住反光马甲无论如何不能脱！”

“一定不能在规定区域以外活动，行动范围不能超过排水沟！”

“拍摄机位绝对不能越过黄线！”

“没有得到塔台批准千万不要擅自走动！”

“不要剧烈奔跑，以免塔台误判我们遭遇了危险情况！”

在小吴老师的反复叮咛下，摄制组小心翼翼地进入场内，在预先布置好的行动范围内各就各位。由于禁止外人进入，因此身穿各色一次性雨衣的摄制人员，在偌大的机场就显得格外醒目。

此时，“鲲龙”AG600 腹中 4 个大水箱已注满水。在震耳欲聋的轰鸣中，“鲲龙”仅仅经过 800 米助跑就成功起飞了。要知道，普通陆上民用客机的助跑距离至少得 1500 米以上呢。

当“鲲龙”飞到 50 米高度时，机腹底部的投水口瞬间打开，喷泄而出的水朝着地面的着火点投去，在风力和速度作用下形成宽阔的雨幕，不仅浇灭了地面的明火，更是把在下面仰拍“鲲龙”投水雄姿的摄制组小伙伴，一个个都淋成了“落汤鸡”。大伙这才明白被要求穿一次性雨衣的好处，既防雨，又便于塔台识别。

在短短的两个多小时内，“鲲龙”AG600 圆满完成了 5 次投水试飞，而摄制组也完美地记录下了这难忘的重大时刻。

“拽”的境界

试飞结束后，项目编导大云向试飞安全总监赵玉河提出，希望采访“鲲龙”AG600飞行员。赵老师答应了，同时提醒道：“是试飞员。”

一字之差，却有天壤之别。

飞行员驾驭的通常为已经成熟的量产飞机，而试飞员驾驶的，则是新研制的尚未定型、需要对极限条件下的各类飞行数据进行全面考核的飞机。试飞员的职责，就是通过试飞来验证飞机的性能，暴露其各系统所存在的缺陷和故障。

比如，“失速尾旋”就是试飞过程中可能遭遇的危险之一。飞机受到气流干扰而突然上仰，当超出临界迎角时，飞机会突然失速，形成可怕的难以控制的自旋，并在重力作用下一边自旋一边下坠，这种危险的飞行状态就是“失速尾旋”。据说人类历史上第一位宇航员尤里·加加林，就是因为飞机失速尾旋而牺牲的。

又如，“黑视”也是试飞过程中可能遭遇的另一个危险。试飞员在飞行中若受到较大正加速度的作用，就会出现眼前发黑、视线模糊的症状，“黑视”也是晕厥的先兆，试飞员因此被认为是“和平时期距离死亡最近的人”。

下午，天色阴沉下来，快下雨了。这时，空旷的停机坪的远处，云幕低垂的天际，五位身穿橘红色飞行服的男子向摄制组缓缓走来。他们就是以机长赵生为首的试飞团队。

摄制组采访“鲲龙”试飞团队

赵生，AG600首席试飞员。他也是中国首批硕士试飞员之一，曾参加ARJ21-700、运-7等多项重大试飞任务。而试飞“鲲龙”的任务，是把“飞行包线”探索出来。

“飞行包线”是指飞机的飞行范围和飞行限制。比如，飞机最高能飞到多高，最大速度是多少，安全坡度又在哪里，等等。也就是说，试飞员是在安全的边界飞行，如果稍不留神越过边界，就意味着危险甚至死亡。

试飞时，赵生团队必须与“鲲龙”做到灵魂深度相融，只有这样，才能拥有足够的能量去触碰一个未知的领域。

不仅如此，试飞员之间更是融为一体。赵生负责操纵飞机，副驾驶负责观测飞机姿态并随时报告赵生，空中机械师则密切关注各系统的工作状态，彼此配合，协同完成试飞任务。

总导演韩晶问赵生，“鲲龙”兼有飞机和船体的构造，驾驶它的人，应该算“机长”还是“船长”？

赵生风趣地回答，“角色随时在互换，上天时是机长，入海时就是船长。”

试飞过诸多知名飞机，经历过大场面，应对媒体采访经验丰富，回答问题自然得体。然而采访过后，韩导却总感觉他们的语气淡淡的，眼神里不经意地透出一股“拽拽”的味道。韩导称纯属个人感觉，只可意会。

此时，摄影师肖霄老师一语道破天机，“试飞员哪个不是经历过生死？所以看淡一切，荣辱不惊。”

淡定从容，处事不惊，颇有“万丈红尘三杯酒，千秋大业一壶茶”的味道。原来，这才是“拽”的最高境界啊！

摄制组与“鲲龙”试飞团队合影

光荣与梦想

黄领才，“鲲龙”AG600 总设计师，拥有超过 30 年的飞机研发经验。而“鲲龙”对于他，则缘起一段童年往事。

8 岁时，老家黑龙江宝清县完达山北麓发生了一场森林大火，仅十几天时间，整片森林就被烧毁了。

当时，为了侦察火情，每天都有飞机飞过头顶。年幼的黄领才和村里的孩子们看到飞机特别兴奋，每次都追着飞机跑。或许，正是从那时起，一颗小小的种子便埋进了心里。

后来填高考志愿，他第一志愿选了南京航空航天大学，第二志愿选了西北工业大学，第三志愿选了北京航空航天大学，又选了沈阳航空航天大学兜底，全都是飞机设计专业。

从南京航空航天大学毕业后，黄领才进入航空领域一干就是 30 年。直到 10 年前接到“鲲龙”AG600 的研制任务时，他突然有了一种儿时梦想终于实现的感觉。

“一个人儿时的梦想可能会影响你的一生，潜移默化地影响你未来的选择和决策。梦想也是一种动力，会不知不觉地驱使你朝目标不停地去努力。所以人一定要有梦想，有了梦想才有前进的动力。”黄总深有感触地对韩导说。

“鲲龙”总设计师黄领才

“鲲龙”AG600首飞前，他曾提出请求要带领设计团队与试飞机组一起上飞机。成功了，回来喝庆功酒；不成功，便成仁。

虽然这一请求未获批准，但慷慨热血的背后，黄领才是想以这种方式告诉机组成员，飞机是安全的，他敢与大家一起飞！

而对于中国每年发生3000多起森林火灾、烧毁几十万公顷森林、数百名消防救援人员牺牲的现状，黄领才更是痛心不已。他殷切地说，“每次发生火灾，我心里都特别难受，特别希望‘鲲龙’能早日投入使用。我觉得自己不仅是在做一款飞机，而是在做一件大的功德。”

“鲲龙”AG600要投入实际应用，试飞是关键一环。赵玉河，“鲲龙”AG600试飞安全总监，从事航空事业近30年。自2018年“鲲龙”AG600水上首飞成功后，他就一直跟着大飞机“迁徙”，平时回家的机会很少。

他开玩笑说，自己回家就跟出差一样。一句玩笑话，却不小心泄露了他心底的愧疚。

在韩导的追问下，他告诉摄制组，女儿小时候写过一篇作文，题目是《我的不回家的爸爸》。女儿在作文里说，爸爸经常不在家，但是她一直陪着家，陪着妈妈，能帮爸爸做好多事情。看了女儿的作文后，赵玉河心里既感动又难受。

韩导问，是什么力量促使他坚持了这么多年？

赵总回答，“干这行挺踏实的，航空干的就是一种情怀。人活一辈子，等将来对子孙吹牛的时候，你可以说哪个哪个装备是你爷爷当年一手抓的，那也是相当自豪的。”

在漳河机场为期四天的拍摄很快就过去了，但却有太多的感动、太多的回忆萦绕在心头。难忘“鲲龙”落日余晖里沉默如金，奋而起飞时雄鹰姿态；难忘“鲲龙”的缔造者，无论是十年磨一剑的黄领才总师，还是久经沙场的赵生试飞团队，或者心系航天、把回家当作“出差”的赵玉河总监，他们都是有梦、有情怀的人。

当然，远离至亲、不惧困苦、孜孜不倦于纪录片拍摄的我们，同样也是一群有梦、有情怀的人。

摄制组与“鲲龙”总设计师黄领才合影

拍摄日志 05
“小人国”奇遇记

精密机械王国

几乎每个人都有过到医院抽血、验血的经历。通过验血来了解自己的身体状况，如血糖是否偏高，体内有无炎症，甚至有没有出现肿瘤先兆，等等。可以说，验血结果是反映人体健康的晴雨表。

但在人们印象中，为了检验不同的项目，患者往往会被抽取两管、三管甚至更多管血液，并且要等上数天甚至更长的时间，才能拿到期待中的验血报告单。

不过现在，这个现象正在被打破。一款先进的新型验血装备，不仅只需从人体内抽取一管血就能完成多项检验，而且只需 30 分钟，一张完整且准确的验血报告单就新鲜出炉。这款“验血神器”，就是拥有中国原创智能推片机、核酸荧光染色结合三维立体分析等尖端技术的“太行”血液分析流水线。

摄制组在医院检验科

说它是流水线，其实一点不夸张。

它外形小巧，总长度仅5米，高度只有0.8米，深度还不到1米，但它却是一座由6万多个精密零部件构成的微型血检工厂。5个模块犹如5个车间，有的车间专做血常规检验，有的做炎症指标测试，有的则专门做血糖检测。它每小时可接纳超过1000个血液样本，其智能和高效无人能比。

2021年4月29日，“太行”制造基地来了一群“巨人”，他们是《超级装备》第二季摄制组的小伙伴。说他们是“巨人”，当然是相对于“太行”这个精密机械王国而言的。

那么问题来了，既然是“巨人”，摄影机当然也是“巨无霸”了，“巨人”们如何才能进入这个“小人国”，并刻画出它精细且复杂的运行过程呢？

爱丽丝梦游仙境

摄影师阿海对韩导说，他做了个梦，梦到自己怎么拍都拍不出“太行”的模样，心里一急，梦醒了。

确实，由5个箱型设备组成的“平淡”外表，又怎能不让摄影师抓狂呢？

起初，在国家卫生健康委员会推荐的医疗装备名录中，“太行”差一点就没被选上，理由是，不好拍。然而，就在摄制组即将与它失之交臂之际，摄影师肖哥说了一句，如果有办法进入它的内部，会是怎样一番景象呢？

这句话让韩导突然想到了《爱丽丝梦游仙境》。小女孩爱丽丝为了追一只揣怀表、会说话的兔子，不小心掉进兔子洞，由此进入了一个神奇王国，看到了一番奇景，蘑菇长得比树还高，玫瑰花有脸盆那么大。

从1865年原著出版，到1951年改编成迪士尼动画，再到2010年翻拍成3D电影，《爱丽丝梦游仙境》至少已被翻译成125种语言，成为世界上最有影响的童话之一。“我们有可能延续这个故事吗？如果我们变成‘爱丽丝’，‘太行’变成‘仙境’，会怎么样呢？”韩导说。

对呀，为什么不尝试把自己缩小？大伙不禁茅塞顿开。当然，这不是物理概念的“缩小”，而是“臆想”自己变小了，小到摄影机能够进入“太行”的内部，镜头可以游走于各个微型车间，也就是影视人常说的“微观视角”。

为了实现这个“臆想”，摄制组可谓使出了浑身解数。运用形似“探针”的特殊微距镜头，见缝插针地探入机器的内部，捕捉微型宇宙精密运动的奇观。

但即便“探针”能游走于狭窄的“街巷”，某些部件的反面却仍然无法被拍到，该怎么办呢？

海哥想出了一个聪明办法，把小镜子贴到部件的后面，通过拍摄镜像，让部件的反面尽收眼底。

好不容易闯过一关，却没想到，在拍摄激光束照射血细胞时，又卡顿了。

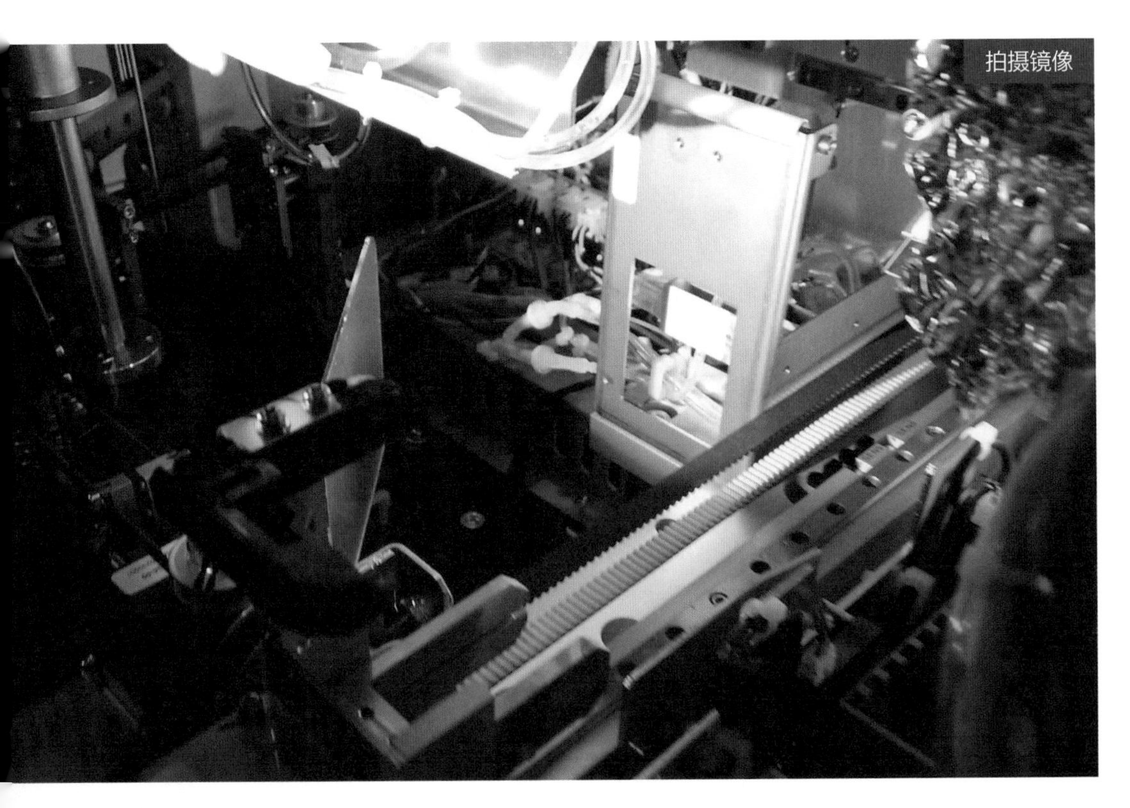
拍摄镜像

激光在纯净的空气里是看不到轨迹的，只有当激光束透过胶体时，才能观察到胶体里的光的“通路”，也就是“丁达尔现象”。

爱抽烟的男生说别扯太高深的，谁不知道只要对着激光束喷口烟，激光路径不就能看见了吗？

话是没错，但“太行”生产基地严禁吸烟，一旦烟雾报警器被触发导致“水漫金山”，可怎么收场？

这时，一名协助拍摄的“太行”工程师捧着一台加湿器走了过来，大伙的眼睛霎时一亮。

紧接着，加湿器被插上电，喷涌而出的水蒸气轻轻飘向激光束，原本蚕丝般虚无缥缈的激光，终于在袅袅气雾中，现形了。

拍摄激光束

激光束在水蒸气里现形

科普一下什么是“推片”

推片机，是“太行”验血装备的一大亮点。不过，在说“推片机”之前，先得科普一下什么是“人工推片”。

人工推片，是指检验医师在一小片洁净的玻璃片（简称“玻片”）上滴一滴血，再用另一片洁净的玻片，以35~40度不等的角度进行推片，制成“血涂片”。

血涂片经过染色和干燥后，送给显微镜检查。“推片”是支持血细胞镜检的重要基础。

但是人工推片全凭医师的直觉和经验来操作，不同医师的性格、资历、经验不同，推片手势也不尽相同。即便同一位经验丰富的医师，也会由于其状态不同，而导致推片手势不同。因此，人工推片无法做到标准化。

这样带来的问题是，如果血膜过厚，会导致血细胞相互重叠，就连高倍率显微镜也难以窥见细胞全貌。而假如血膜太薄，又会使白细胞多集中于血涂片边缘，给显微镜观察带来困扰，甚至导致错误的观察结果。

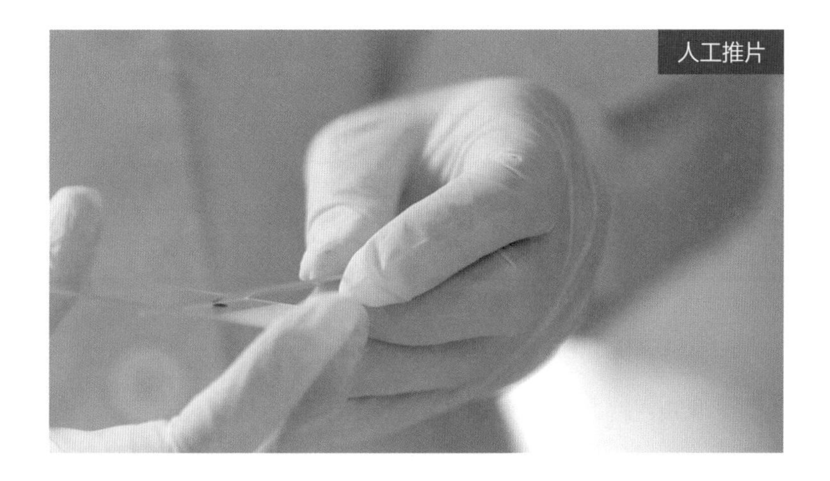
人工推片

而推片机，可根据“太行”对这滴血测出的黏稠度、含量等数据，经过智能算法，让机械手操作蓝宝石刮刀，以最适合这滴血的角度、速度和力度，完成精准的推片。

紧接着，再通过染色、清洗、干燥等标准化流程，拉出一片完美的血涂片呈现于显微镜下，使变异细胞无处遁形。

在拍摄过程中，摄制组还得知，研发时 10 万多次的推片试验，使得几十万个玻片堆积如山，宛若太行山的绝壁，“太行”的名字也由此而来。

玻片

摄制组虐我千百遍 我待摄制组如初恋

拍摄越来越顺利，韩导面对监视器的笑容也越来越多了。

可谁知，就在刚刚完成一个漂亮镜头准备换机位再拍时，负责调试“太行”的小哥却急得满头大汗。额头上豆大的汗珠还来不及擦，就赶紧到计算机前操作起来。原来，微缩工厂的一个车间“罢工”了。

摄制组虽有 3 位摄影师，但由于“太行”体型过于娇小，3 台摄影机同时拍摄，极易互相“穿帮”甚至“干架”，因此，有些镜头只能由一台摄影机来拍摄，其他两台不得不暂时“闲置”。

也因为如此，小哥才经常被要求同一个机械动作重复多次，以满足导演从不同角度拍摄的需求。

摄制组在“太行”研制基地

然而，机器和演员可不一样，演员可以 NG 再来一遍，机器却必须走完全部程序才能再来，它既不会绕弯，也不会走捷径，没法随叫随停，更不能中间“插档”。如果继续强行指令，干脆直接死机。

这可苦了配合拍摄工作的小哥，人家可是技术过硬的生产作业员，摄制组一来，就沦为了“拆机小哥”。

“拆！”摄制组提出第一个要求。

“要拆到什么程度？”小心翼翼地问。

“能拆到什么程度就什么程度，最好四面和上面的板都卸掉。”

为了让摄影师拍到微缩工厂的内部乾坤，小哥“奉命”连夜卸板拆墙，揭瓦掀顶，硬是把高大上的“太行”，拆成“一丝不挂”的裸机。

这还不算，摄制组又提出各种“非分”要求：

“分血阀速度太快了，能调低一点吗？”

“试管架太高了，挡住了试管里的血液，能锯短吗？”

“反应试剂是透明的拍不出效果，能换成有颜色的吗？”

“试管外面贴的标签太宽了，挡视线，可以打印成窄条吗？”

工程师们的回答往往是：

“调速度比较难，我们晚上讨论一下看怎么解决。”

“试管架可以锯短。”

“试剂可以换成有颜色的，不过颜色太深会比较假。”

“没问题，窄条标签马上就能打印。”

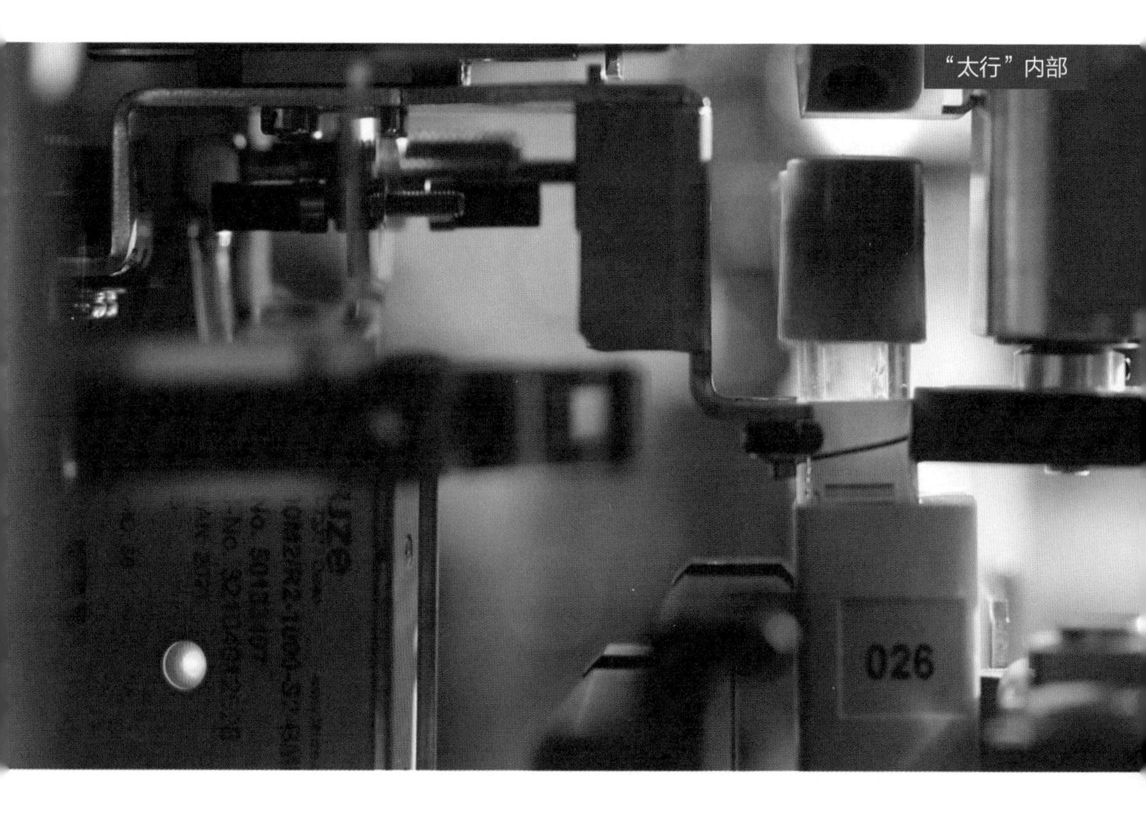

“太行”内部

最难的是“拆机小哥”，不仅要以最快的速度把“死机”唤醒，还得劝“罢工”的计算机尽快“复工”，难怪整天忙得汗流浃背。

真可谓，摄制组虐我千百遍，我待摄制组如初恋。

最难忘的是一天中午，食堂开饭，小哥问摄制组下午几点开拍？摄制组答“吃完饭就开始”。结果等吃完饭回到拍摄现场时，发现小哥竟没有去吃饭。原因是，“吃完饭就开始”这句话并没有约定时间，意味着摄制组随时可能回来，因此吓得小哥不敢离开。

原来，人跟机器相处久了，也会染上机器的“毛病”啊，如恪守时间、诚实守信、不走捷径、不投机取巧，等等。

拍摄临近尾声，大家正准备合影留念，细心的韩导发现，“拆机小哥”闷声不响地躲在一旁，于是赶忙叫他一起来合影。

是啊，如此重要的小哥怎能遗漏呢？

紧张而烧脑的 5 天拍摄完美收官，无论是摄制组的努力，还是“太行”小伙伴的尽心，目标只有一个，把中国最前沿的先进医疗装备呈现给观众，让更多普通人了解和享受到现代医学技术的福泽。

而对于《超级装备》第二季摄制团队来说，遇见“太行”，成就了一场奇遇，“小人国”里有大精彩！

摄制组与“太行”研发人员

拍摄日志 06
“钢铁侠”和我做玩伴

“钢铁螳螂”捡飞机

一架玩具飞机被大树挂住了，落在 4 米多高的树枝上。

小男孩眼巴巴地望着它，这个时候如果有一个机器侠来帮忙就好了。

机器侠真的来了！

它轻轻地探头伸进树梢，似乎在观察玩具飞机。

它小心翼翼地夹起玩具飞机，温柔地将它递给小男孩。

它居然还细心地调整了一下飞机的角度，好让小男孩拿起来更顺手。

小男孩开心地接过飞机，亲密地拍了拍它的额头，机器侠得意地晃晃脑袋。

男孩望着树梢上的飞机

男孩拍拍 ET120

这是《超级装备》第二季人文片里的一个场景。

机器侠，就是 ET120 智能救援机器人，昵称“钢铁螳螂”。

它自重 12 吨，能攀爬 45 度斜坡，跨越 4 米高的障碍物，涉水 2 米深。18 个液压油缸，支持它在山地、沼泽、隧道等复杂地形中如履平地，适用于雪崩、地震、滑坡等灾后抢险救援。在雅西高速抢险和四川凉山木里火灾救援现场，都留下过它灵动的身影。

但在《超级装备》第二季的人文片里，武艺高强的 ET120 却被要求不干“正事”，而是去为孩子捡一架玩具飞机。

摄制组在 ET120 拍摄现场

一开始，这个设想遭到质疑：十年磨一剑研制出来的先进装备，难道只是为了哄孩子开心？

对此，总导演韩晶认为，当一个社会发展到一定高度后，实用主义已经不是考量有没有价值的唯一标准了。我们造机器的目的是什么？人与机器的终极关系又是什么？或许这才是第二季更需要去思考的问题。

我们造出威力无敌的机器，用来开山劈海、建设世界，难道不是为了让人们的生活更美好吗？这与ET120捡飞机哄孩子开心，本质上不是一样的吗？

“人缔造了机器，所以机器必然‘爱人’！”韩导说。

韩导在采石场ET120拍摄现场

统一了思想后，人文片的架构就渐渐丰满起来：除了让ET120为孩子捡飞机，摄制组还要让大铲车做小女孩的摇篮，让大吊机成为孩子们的秋千。

刚与柔，强与弱，大与小，体积上的极致反差，精神上的互为照拂，不仅仅是为了视觉效果，而是要诠释人类缔造机器的终极意义。

超级“泡泡机”

午后的阳光格外灿烂，空气中飘浮着无数肥皂泡泡。

孩子们银铃般的笑声里，欢呼雀跃的身影背后，是体型巨大、长相酷似恐龙的机甲大力神。而这些肥皂泡泡，正是它喷吐出来的。

它叫EBZ200L悬臂式掘进机，长10米，自重53吨，是一款隧道掘进装备。

掘进机吐泡泡

但《超级装备》第二季给了它一个新名字——超级“泡泡机”。

当初，摄制组与协助先导片拍摄的徐工集团在商讨具体方案时，孩子们在吊机身上荡秋千的设想遭到了否决。理由是：不安全！

根据吊机操作安全法则，吊钩下面不可以站人，更何况让孩子们荡秋千？

“不如让悬臂式掘进机吐肥皂泡吧？那可漂亮了！”

不记得当时是哪位老师提出的建议，大伙顿时眼前一亮。

对呀，掘进机向岩层掘进时会自动喷出水雾，既为机器降温，又除尘降尘改善工作环境。既然掘进机能喷水，那当然也能喷肥皂泡泡咯？

掘进机喷吐水雾

摄制组当即决定，用“吐泡泡”替换原来的“荡秋千”。

经过一番改装，“机甲大力神”变身为“超级泡泡机”，成为孩子们的玩伴。

在漫天飞舞的泡泡里，孩子们玩得手舞足蹈，欢笑雀跃，泡泡飞向哪里，他们就追到哪里。

摄影机无声地转动着，200 格高速摄影抓拍下无数精彩的镜头。小孩的表演不太好控制，唯一的办法就是多拍。还好不是用胶片，不然，这么高的耗片比，可真耗不起呢。

孩子们玩泡泡

我愿做一只摇篮

静谧的早晨，温暖的光线照亮了威武强悍的机器。

这是力大无比的 XE900D 矿用挖掘机，挖斗容量 5.1 立方米，每天能挖掉近 9000 立方米的土石方，相当于 5 个比赛用游泳池的体积。

熟睡的小女孩

然而此刻，挖斗的中心，安睡着一名小女孩。

挖斗像一只摇篮，在金色的暖光里，轻轻摇晃。

从外形看，挖斗就像猛兽下颚，嗜土碎石，弱肉强食；又形似莲叶，可承载露珠；还宛若佛掌，能栖息生命。

而在《超级装备》第二季人文片里，它是一只摇篮。

在轻轻摇曳的静谧中，父亲从“摇篮”里抱起小女孩，缓步离去。

镜头逐渐拉开，规模庞大的机器矩阵充满画面。在这片钢铁森林里，穿红裙子的小女孩是绝对的视觉中心。

挖斗

机器矩阵

摇篮，或许只是小女孩的梦境；也或许，是父亲以独有的方式表达对女儿的爱；更或许，是机器自己有了情感，愿意做人类孩子的摇篮。

事实上，这些威力无敌的超级机器，钢铁之躯与智慧之心、千钧力量与万缕柔情，从来都互为表里。因为在缔造之初，人类把自己的基因赋予了它们，甚至它们就是依照人类的理想而被缔造的：拥有擎天之力，忠诚于人类，且永不知疲倦。这是因为在超级装备的背后，是同样“择一事、终一生”的坚定执着的人。

最后，摄制组要认真地说一声：“感谢徐工人！”

集结上百辆履带式挖掘机，连夜排列位置，调整挖斗高度，组成规模宏伟的机器矩阵。

反复确认小演员的外形和衣着，细致到搭配什么颜色的袜子。

一次又一次踩点看景，只为了寻找一棵适合挂玩具飞机的大树。

专门制作的工装，连夜改装的“泡泡机”，却被导演组临时推翻。加班加点改装小一号掘进机，只为了画面中“泡泡机”跟孩子们在一起时，体积上能更匹配。

每一次，徐工人都竭尽全力，以最不怕麻烦的决心和最出色的能工巧匠，帮助摄制组实现心中的创意。

正是在很多像徐工那样兢兢业业的装备企业的帮助下，《超级装备》第二季才得以完成如此巨量且复杂的拍摄任务，才能让天马行空甚至看似不切实际的构想，化为现实。

摄制组与徐工人

Chapter Three
第三章

声音里的“超级装备”

“超级装备”该怎样发声

齐 青

《超级装备》第二季播出后，在业界和学界均引起了积极的反响。一部反映中国尖端装备的硬核科普片为何能取得如此佳绩？笔者认为，原因在于纪录片在叙事结构、摄影手法、剪辑技巧等诸多方面实现了创新。尤其是，纪录片作为一门视听艺术，其声音上的创新，也起到了至关重要的作用。

纪录片的声音创作，是一项包含旁白、音乐、音效等在内的完整体系。大部分工作属于后期制作范畴，只有同期声的采集始于前期拍摄阶段。《超级装备》第二季的同期声，主要包括现场自然音响和人物采访，这些声音在提供有效信息的同时，也为纪录片营造了真实的氛围。

在两年多的拍摄过程中，录音师从第一线录制了大量同期声，包括车间的轰鸣、大海的呼啸、医院的日常，等等。甚至还采集到了潜水员潜入海里工作时特异的呼吸声，以及肢体触动洋流引发的水泡声。

除了客观声音，第二季还十分注重“主观声音”的设计。比如，一些精密医疗装备的运行几乎是无声的，即便是高灵敏麦克风也难以采集到音响。但采集不到并非不存在，当特殊的微距镜头进入其内部，展开不同于日常观察视角的“主观视角”拍摄时，它的声音是否也应该带有“主观性”呢？

这需要音效设计师根据装备本身的机械结构和运动轨迹，把“典型音效”模拟出来，作为一种富有表现力的声音元素，帮助观众通过耳朵去近在咫尺地感受精密装备高效、灵动的运行。

采集同期声

同样，音乐的烘托、表意和抒情性，也是声音创作的重要一环。为《超级装备》第二季作曲并非易事，首先内容充满了对比。就装备来说，既有巍峨庞大的钢铁机甲，又有小巧繁复的精密装备；就人物而言，一方面是严谨敬业、意志坚定的中国装备人，一方面又是对家人抱有愧疚、温暖可爱的父亲和丈夫。这都需要通过音乐进行烘托，让巨硕的装备更雄伟，让柔软的情绪更感人。

"音乐总体上分为 3 个部分，一部分用于巨型装备，主要采用大管弦与电声融合，于宏伟中透出科技感；一部分用于精密装备，以轻灵的合成器音色为主，辅之以管弦乐；还有一部分用于片尾的人物刻画，以钢琴配合弦乐为主，弃用合成器，将人物烘托得更温暖、更情感。"作曲黑铱说。

作曲工作照

不过，在纪录片的声音世界里，旁白才是主角。

纪录片一般的操作是邀请播音员配音，字正腔圆，客观冷静。但《超级装备》第二季涉及能源、医疗、基建、交通、救援五大主题，每集的调性不同，对旁白的需求也不尽相同。“医疗”需要温暖安静的音色，“基建”需要充满肌肉感的声线，“救援”则需要干练稳重的声音……如果要求一个声音同时满足五种调性，显然很难做到尽善尽美。

此外，第二季的核心理念是“科技利民”，无论是深切观照个体健康的尖端医疗装备，还是为千家万户送去光和热的大型能源装备；无论是为百姓出行筑路架桥的强悍基建装备，还是救民于水火的先进救援装备，都关乎人民生活的福祉。因此，第二季非但不需要客观冷静的“播音腔”，反而要寻找更有温度、更有艺术表现力和感染力的声音。

《超级装备》第二季剧照

“能否打破常规，根据不同主题来匹配不同的声音呢？”这一点，总导演韩晶和制片人刘颖一拍即合。

于是，团队展开了“选声音”的工作，看影视剧，听朗读，前期做了大量功课，最终，五位配音嘉宾被确定，他们是吴刚、黄轩、朱亚文、王凯、胡军。

为第一集《蓄势赋能》配音，吴刚当仁不让。作为《超级装备》第一季的配音嘉宾，由他来为第二季开篇，既沿袭了上一季的品质，又为新一季开了好头。而将虚无的风、平凡的水转化为电的能源装备，其本身具有化腐朽为神奇的力量，吴刚音色华丽且富有表现力，因此他与能源主题的匹配度非常高。

从成片的效果来看，吴刚富有感染力的声音转场自如，在有节律的陈述中，哪怕是枯燥的科学原理，也被他读出了趣味和戏剧感，令人印象深刻。

吴刚配音工作照

第二集《智领仁心》的配音嘉宾是黄轩。第二集画风唯美精致，运用形似“探针”的微距镜头深入医疗装备的核心，让观众从“微观视角”一睹微缩宇宙的神奇景象。而黄轩的声音亲切温润，充满“邻家大男孩”的朝气，与医疗装备的微观叙事和静谧调性十分契合。

录音师胡晓峰特意对他采取“近声录音”的方式，使他的音色有一种“近在咫尺”的亲密质感。录制过程中，黄轩努力使自己成为一名体验者，甚至成为一支试管、一根晶体，在医学的神秘宇宙完成一次奇异的旅行。因此，他的旁白于温润中，又多了一份悬念和好奇。

黄轩配音工作照

朱亚文的音色低频扎实，浑厚有力，动态宽广且富有表现力，特别符合第三集《机甲力士》的雄壮画风。撼人心魄的巨型机甲和工业场景，与朱亚文的“硬汉”银幕形象也相得益彰。

不过，长时间的高强度音量和高饱和情绪吞吐，难免会让观众产生疲劳感。为此，总导演韩晶建议他换一种表达方式，以“心灵之眼”穿透物象表面，看到装备的背后那一个个平凡而执着的“人”。

朱亚文很快就调整自己的咬字吐息，采取了内敛含蓄的方式，把酣畅淋漓的情绪，收敛在波澜不惊的叙事中，实现了收放自如。当描述到电焊工人在钢铁机甲身上焊出一朵朵璀璨的焊花时，他低沉的嗓音饱含深情；当讲述到全片的尾声，“他们远离至爱亲朋，守着日月和沧海，或许‘回家’才是他们的‘诗与远方’……”时，温暖委婉的语气极富感染力，大大拓展了影像的表现空间。

朱亚文配音工作照

第四集《纵横天下》的配音嘉宾是王凯。遵循韩导“朴实、稳重、脚踏实地”的调性要求，他音色朴素，叙述时透出独特的淡雅与柔和，悦耳动人，给钢铁装备平添了一份暖意。

在节奏把控上，王凯给人的印象是：稳。似乎再大的困难、再复杂的工程，在他的叙事里都逃不过一个“稳”字，与中国交通装备稳重踏实、通达天下的基调融合良好。

王凯配音工作照

第五集《急救先锋》是全片的压轴。配音嘉宾胡军音色低频醇厚，力度掌控得当，咬字吐词有一种“收刀入鞘”的干练，透出一股行伍气概，与救援装备奔赴灾难现场紧急施救的力量与担当十分般配。

而胡军最有特色的是“怒音”，一种类似低吼的发音方法，既要用力，又要把这股力摁下去。通过对旁白中一些关键词的“怒音”处理，胡军很好地刻画出了中国救援装备深厚的力度感。

胡军配音工作照

总而言之，从前期拍摄到后期合成，纪录片的声音创作需要细致周密的筹划。如同摄制组辗转 33 个城市和地区才完成了拍摄一样，旁白也经历了在苏州、横店、上海、杭州、珠海等多地的录制，且制作周期长达五个多月。虽然磨砺并非必须，但时间的打磨，也确实让第二季的品质得以沉淀。

（本文作者系上海师范大学影视传播学院教授、副院长，《超级装备》第二季音频总监）

幕后花絮

001 号嘉宾

下午六点，眼看录音工作就要圆满收官，录音师却提出一个“非分”的要求：请吴刚从 12000 吨依次念到 15000 吨，再从 1/40 依次读到 1/44。吴刚也不问就里，全数照办。

刚开始，吴刚还一本正经地念着，12000 吨、13000 吨、14000 吨……冰冷的数字经由他饱含感情地念出。但当念到 1/40、1/41 时，他憋不住了，眼角含笑，每念一个数就朝正在拍花絮的摄影师比画一个俏皮手势，直到录完全部数字。现场小伙伴都忍不住笑出了声，吴刚也自嘲道，咋录着录着变成喜剧了？

第一集《蓄势赋能》海报

2022 年 3 月 10 日，是与吴刚相约配音的日子。

中午 12 点，一身浅咖啡色大衣搭配黑虎纹红毛衣的吴刚如约来到位于苏州的录音棚。这是《超级装备》团队与他的第二次见面，作为第一季的配音嘉宾，吴刚再度应邀出马，并当仁不让地担任第二季的开篇嘉宾，既延续了第一季的气场，又为新一季开了一个好头。

老朋友见面，总导演韩晶与吴刚就开心地聊了起来。吴刚问韩导，第二季拍了多久？韩导答，前采做了半年多，拍摄花了 8 个月，后期制作整 10 个月。吴刚掐指一算，好家伙，两年多啊，真不容易！

有了第一季的调性掌握，第二季的配音自然更驾轻就熟。吴刚富有表现力的华丽音色，用录音师的话来说是“中频略带留声机式的烟嗓”，别有韵味。他技法老道却不断推陈出新，有着与众不同的语感和断句方式，哪怕是枯燥的科学原理，也能被他读出趣味和戏剧感来。

3 个超级能源装备，8000 字的长稿，无数拗口的专业词汇，都难不倒台词功底深厚的吴刚。录制过程中，他时而语调委婉似涓涓细流，时而气韵蓬勃如江河澎湃。凭借出色的气息运用，再长的长句他都能自然吐息从容不迫，起承转合一气呵成。

然而，就在录音圆满结束之际，录音师却提出了一个额外的要求，请吴刚念数。其实，这是录音师的一点“小心机”，他是怕日后万一某个数据有变动，自己也好有备无患。

吴刚一开始还一本正经地念数，可念着念着就开始自由发挥，还辅之以俏皮手势，把正经科普片演成了“喜剧”。没准他早就知道录音师的这点“花花肠子”，所以才以正经开头、俏皮收尾，不然怎么叫“老戏骨”呢？

要说录音工作能赶在 3 月 10 日顺利完成，还真得感谢吴刚。在苏州拍戏的他因为戏份重，几乎没有暇余时间。《超级装备》第二季的后期工作虽然也迫在眉睫，但韩导因为担心他太累，就同意缓两天再录。不过吴刚还是努力向剧组争取到了 10 号白天的假。他对韩导说，越往后，恐怕越不好说。

果然，那一晚过后，上海因为疫情凶猛而被迫切换成“冬眠”模式，音频制作也无奈按下了“暂停键”。更没想到的是，这一停，竟然停了整整两个月。回想起来，能赶在“冬眠”前夜完成录音，还多亏了吴刚的英明远见。

幕后花絮

我是配音狂

下午四点，高难度的“脑起搏器”单元的配音完成后，录音棚开启了小憩模式，黄轩也捧着纸杯跟大伙闲聊起来。有人突发奇想，问，假如在“购物狂”脑内植入“脑起搏器”，能制止他“买买买”吗？

大伙正七嘴八舌聊得嗨，录音师突然大喊一声，“干活啦！干活啦！”光速从休闲模式切换成工作模式。韩导戏谑录音师，是否他脑内也被装了“脑起搏器”？录音师顺势自嘲道，“我是录音狂！”谁知黄轩秒回了一句，“我是配音狂！”接口令快得就像在说相声。

第二集《智领仁心》海报

2022 年 3 月 7 日，是与黄轩相约在横店录音的时间。

连着几天阴雨，录音那天，中午雨后初霁，黄轩来到录音棚。一见面，韩导与他就直奔主题，就医疗装备的“声音基调”问题进行沟通。一番简短有效的对话后，安静、温暖、神秘的调性被确定下来。

很快，录制工作就渐入佳境。黄轩吐字清晰，叙事从容，善于在字里行间通过呼吸来辅助情绪的表达。他的音色温润如玉，悦耳动人，与医疗装备温暖静谧的调性十分契合。

但黄轩的出色还不止于此。作为一名演员，他并不满足于配音这一角色，他要让自己成为一名旅行者，在医疗世界的微观宇宙完成一场非凡的科技奇观之旅。因此，他的语言表达除了温暖，更添了一份悬念。

虽然在开录前就已做足功课，文稿也多处标注了汉语拼音，但真正实录时，大家还是不敢掉以轻心，毕竟，有着不少拗口术语和枯燥数据的医疗装备，并非一般的高冷。

比如，“多巴胺”的“胺”应该读一声还是四声？“微创”的“创”是读四声还是一声？为了确保万无一失，不仅节目组一遍遍查字典确认，就连黄轩的工作团队也集体“强迫症”发作，帮忙一起查字典确认读音。

在工作间隙休息时，黄轩自称“配音狂”，以对应录音师的“录音狂”。虽然只是开玩笑，但黄轩对配音还真有着近乎苛刻的自我要求。每录完一个单元，他都要复听一遍，确认没有问题再继续往下。但凡有丁点瑕疵，他都会要求重录，直至完美。

就这样，在“录音狂”和“配音狂”天衣无缝的配合下，高难度的“医疗装备”配音，终于圆满完成。

录音刚结束，黄轩就急着要赶回剧组。那天是他进组的第一天，试装、定妆、研读剧本，有好多事在等着他。临别时，团队小伙伴问他配音时的感受，黄轩回答，“中国的先进医疗装备让我觉得不可思议，叹为观止！”

幕后花絮

出色的“骑手”

中午12点，“洋葱头”突然兴奋地跳起来，跑到电梯门口不停地打转。“叮——”，门开了，朱亚文从电梯里走出来。他灰色卫衣+深色牛仔裤，黑网球帽+黑框眼镜，反剪着双手提一只保温杯，活脱脱一“老干部”出游，与银幕上的硬汉形象反差太大。

“洋葱头”是录音师的爱犬。从出电梯到进录音棚，“洋葱头”始终高兴地跟在朱亚文身边寸步不离，甚至当韩导在与朱亚文商讨声音调性时，它还美美地当了回“吃瓜群众”。那股亲热劲儿不禁令人严重怀疑，录音师是不是带它看了《长津湖》电影。

第三集《机甲力士》海报

2022年3月8日，是朱亚文为第三集《机甲力士》配音的日子。为此，《超级装备》团队连夜从横店赶回上海，并早早进棚，为中午朱亚文的录音做准备。

经过一番标准化试音流程后，录制工作开始了。面对巍峨壮硕的钢铁机甲和撼人心魄的工业制造场景，深受感染的朱亚文凭借非凡的阅稿能力，咬字铿锵，感情充沛，在某些情绪高点还辅以颤音，浑厚的音质透出淋漓的质感。

不过，长时间的高饱和情绪挥洒，不仅容易让观众产生疲劳，还会使讲述显得“膨胀”和“飘”。韩导建议朱亚文换一种表述方式，“暗流汹涌的大河或许表面是平静的，肆意狂奔的野马更需要出色的骑手。”韩导说。

朱亚文果然悟性极高，他很快就通过调整自己的咬字吐息，将原本高饱和的情绪表达转变为内敛含蓄，就像驾驭脱缰的野马那样控制住自己的气息，把酣畅奔放的情绪收敛在波澜不惊的叙事中。

当描绘机甲力士的壮丽姿态时，他嘴角上扬，双眸含笑，情不自禁地挥舞起手中的笔，自豪之情溢于言表；而当讲述超级装备的背后那些“择一事、终一生”的缔造者时，他双眉紧蹙，嗓音低沉，温婉的语气感人肺腑，录音现场所有人都被他深深地感染了。

经过将近 6 小时的精心录制，配音大功告成。朱亚文也复归“老干部”状态，捧起保温杯，准备赶回家陪娃吃晚饭。临行前，他对韩导说，后期声音上如有任何需要他补配的，可随时告诉他。

电梯门开了，朱亚文正待迈腿，谁知“洋葱头”抢先一步跑进了电梯，它要跟着朱亚文一起下楼溜达呢。任凭大伙儿怎么叫它都不出来，搞得朱亚文上也不是，下也不是。直到录音师赶来，才一把抱起“洋葱头”，将它扛了回去。

“叮——”，电梯门合上了。门内，是朱亚文挥手告别的笑容；门外，是留在大伙儿心中的一段美好记忆。

幕后花絮

被冷冰冰的术语“惊”到了

起初，解说词里频繁出现的专业术语和一串串冷冰冰的数据，把王凯给“惊”到了。无论是“大力机甲兽”悬臂式隧道掘进机，还是特种运输“神器”桥式梁运输车，或者“码头装卸金刚”岸边桥式集装箱起重机，当生活中常见的词以不常见的方式排列组合在一起的时候，它们就变得“烫嘴”起来。

在两次把“桥吊”念成“吊桥”之后，王凯不禁感叹：“这可比演戏难！”

第四集《纵横天下》海报

2022 年 7 月 5 日，杭州。上午 11 点，一身白衣短打的王凯如约来到录音棚。

时间从 3 月直接跳到 7 月，因为上海疫情，《超级装备》团队被集体“静默”在家 3 个月，直到 6 月底才重启录音工作。难怪前三位嘉宾配音时都还大衣毛衫，等到王凯出场时，就突然汗衫短裤了……不禁让人感慨时间都去了哪里。

王凯担任的是第四集《纵横天下》的配音嘉宾。按照韩导对“交通运输装备”的总体声音要求，在确定了基本调性后，录音正式开始。

虽然稿子里冷僻拗口的专业词汇和数字让王凯吃“惊”不小，但随着对画面的不断熟悉，他很快便进入了“角色”。王凯中频扎实，音色质朴淡雅，钢铁机甲因为他的声音诠释也透出些许温度与柔和。而当讲述到装备的背后那些默默付出的缔造者时，这份温柔仿佛克里姆特绘画中的那一抹金色，暖人肺腑。

当然，配音也是个体力活，长时间的录制难免口干舌燥。此时的王凯正欲找水喝，看到桌上放着一只崭新的保温杯，便问：“这是道具吗？”他的伙伴连忙隔着录音间的玻璃窗回答：“这是新给你买的水杯，里面有水呢。”王凯笑道：“原来是新买的，难怪我不认识它，还以为是道具呢。”当时，摄影师正在给他拍工作视频，王凯于是以为那是为了画面效果而特意摆放的道具杯。

下午两点，配音工作已过半。短暂的中场休息，王凯指着果盘里的小包装点心“小心翼翼”地问：“这可以吃吗？”团队小伙伴连忙回答：“就是给你买的，快吃吧。”

因为担心王凯配音时太投入而忘记吃饭，所以小伙伴提前买好了一大堆点心放在休息室，以备不时之需。而王凯因为不知情，所以不敢轻易对点心下手。在得到肯定回答后，他才撕开包装纸，大快朵颐起来。

生活里的他，与《伪装者》中干练的明诚、《如果蜗牛有爱情》中的铁血刑警季白相比，更显得亲切、可爱，甚至有些羞涩。

下午四点半，凭借富有魅力的嗓音和超强的阅稿能力，王凯高效而出色地完成了第四集的配音任务。

幕后花絮

“怒音”来了

晚上6点，录音棚饭点到了，胡军却足不肯出“户”，还通过麦克风对他的工作伙伴喊话，“你们吃饭吧，我顺稿子，不吃了。”

于是，当全体工作人员都在休息厅享用晚餐时，唯独胡军还在录音间“苦其心志，饿其体肤，空乏其身”地苦练“神功”。

第五集《急救先锋》海报

2022 年 7 月 14 日，在屡屡打破气象纪录的高温天气和一波未平一波又起的新冠疫情下，《超级装备》第二季团队经过三天三检核酸、一路绿码查验后，来到了“百岛之市”珠海。

次日下午四时许，因疫情而“迟到”整整两个月的胡军，出现在录音棚。他外形高大，肤色黝黑，浑身透着一股豪气，总下意识地紧蹙双眉。虽然在银幕上身经百战，但为《超级装备》第二季配音，胡军却不敢有丝毫怠慢，不仅因为文稿中“横行”着众多拗口的专业名词和数据，还因为韩导对配音的要求，“把故事讲出悬念来，把原理讲出趣味来，把钢铁讲出温度来”。

录音开始了。“行走的低音炮”音质磁性醇厚，咬字吐息有自己独到的方式。而其中最有特色的，是“怒音”。

“怒音”是一种类似低吼的发音，发声时既要用力，同时又要将这股力往下摁不让它爆发，类似的发声方法多为歌手所用。当胡军讲述到“舱内的压力正在逼近极限大关，所有的人都心怀忐忑，490 米、495 米、500 米……”时，“500 米”这个词发的就是怒音。胡军用声音刻画了“500 米”极限深度的严峻性。

而当讲述到汶川大地震、海难事件等段落时，他的声音则变得柔和、低沉甚至暗哑，透出浓浓的悲悯。

不过，为救援装备配音，光有悲悯还不够。与其他装备相比，救援装备的显著特点之一，就是能够快速抵达灾难现场施救。如海难事件，遇险人员浸泡在 15~20 摄氏度的海水里，生命仅能维持 2~5 小时，因此海难救援的最佳黄金时间就是 2~5 小时。又如心梗病人，心肌细胞的不可逆受损会在 4~6 小时达到最严重的程度，也就是说，心梗急救的时间窗就是 4~6 小时。

因此，为救援装备配音，胡军还得配出争分夺秒的紧迫感。于是，在一些关键词组的处理上，常常能听到他那仿佛刀剑入鞘般的短促读音，干脆利落，雷厉风行，与中国“救援装备”先锋急救、使命必达的形象相得益彰。

经过连续数小时的精心录制，晚上 11 点，配音大功告成。走出音棚的一刻，胡军终于松了口气，紧蹙的双眉也第一次舒展开来。小伙伴当然记得他还没吃晚饭，正待张罗，胡军说不用，把饭点没吃的盒饭带回酒店热一热就行。临别时，他除了向大家表示感谢之外，还不忘预祝《超级装备》第二季收视长虹。

Chapter Four
第四章
心中的“超级装备”

导演手记
让高冷装备触及灵魂

韩 晶

中国人常说，“工欲善其事，必先利其器”，装备，就是其中的“器”。那么，超级装备呢?

聚焦中国的能源、医疗、基建、交通、救援五大领域最前沿的18个尖端装备，呈现的科技成果均深刻影响着国家命运和人民福祉。纪录片不仅要展开一场“吸睛”的科技奇观之旅，更要彰显人民幸福指数提升的精神内核。立意之高，体量之巨，拍摄之艰，超乎想象。

从前采到纪录片成片，历时两年多。我带领团队跑了33个城市和地区，10次北上，9次南下，3次出海。从北国到南疆，从陆地到海洋，从零下20摄氏度到45摄氏度，6万千米行程，终于完成了《超级装备》第二季的创作。

摄制组在拍摄现场

人与机器的“嵌合体”

2021 年 1 月 18 日上午，江苏连云港石化基地发生了一件大事：世界上起重能力最大的履带起重装备，要起吊石化减压蒸馏塔。这架“超级金刚”级别的机器，臂架长 216 米，相当于 72 层摩天大楼的高度。而被起吊的减压蒸馏塔，重 1600 吨，相当于 6 架空客 A380 飞机的总重量。

起吊开始了，60 根 4 厘米直径的钢索紧绷，减压蒸馏塔一端被缓缓提起。原本横卧姿态的塔筒与地面的夹角开始发生变化，25 度、40 度、75 度，直至垂直竖立起来……

这一幕，成为《超级装备》第二季用影像呈现“超级装备”巍峨雄姿的代表性场景。

作为一部工业科技类纪录片，“装备”当然是主体，“切题”为第一要务。但装备是无机的，钢筋铁骨，高冷硬核。装备又是人缔造的，而人是有温度的，我们如何把“无机”的机器拍出“有机”的质感呢？

从第一季一路走来，摄制组多次进工厂、下车间，见识过不少撼人心魄的工业制造场面。不过，要达到像制造四千吨级履带起重机那样的震撼力，倒也鲜见。

四千吨级履带起重机起吊减压蒸馏塔

起重机臂架制造车间

长达 216 米的臂架，只能化整为零，分段制造。整个臂架由 72 个钢铁节段组成，最大的节段相当于一间 42 平方米房间的大小。偌大的焊接车间摆满臂架节段，无数焊工在埋头焊接。每天与焊枪打交道的他们，衣服当然是脏的。焊花日复一日地溅落，在地面堆叠出泪状的隆起物。

于是，我们在起吊减压蒸馏塔的主线故事之外，又铺设了一条副线：起重机臂架的制造。在摄影机 200 格高速拍摄下，层层叠叠、闪闪烁烁的焊花，犹如一朵朵金色雪花，在画风粗犷的车间里怒放、陨落、熄灭，美得无与伦比，美得令人心颤，因为每一朵焊花都是从焊工的心底开出的。

在冬日暖阳般温柔的音乐里，在深情而克制的旁白声中，“一朵朵璀璨的焊花，绽放在建造者平凡的人生，被希望和坚毅所供养，在超级装备即将诞生的期许中，结出果实……”那一刻让我们相信，总有一天，机器会有心，铁石会开花，汗水会凝结成甘露，岁月折叠成光荣。

把人“嵌入”到工业制造场景，把人的智慧、梦想和热血熔铸进钢铁机甲，只有这样，才能把“无机”的装备拍出“有机”的质感。如果说装备是“器”，那么，“超级装备”就是浸润了思想、情感和梦的“器”，是人与机器的“嵌合体”。

当巍峨的装备
与“渺小”的人同框

小女孩爱丽丝为了追赶一只揣着怀表、会说话的白兔，不慎掉入兔子洞，进入了一个神奇的王国：蘑菇长成树高，玫瑰花硕大得像脸盆，而爱丽丝则变成一个小人……

在遇见“太行”之前，连我们自己也没想到，《爱丽丝梦游仙境》会成为硬核科普纪录片的参考对象。

与第一季相比，第二季所表现的装备有体量更为庞大的，如全球单臂起重能力最大的起重船“振华 30 号”，它最大起重力 13200 吨，相当于可一次将埃菲尔铁塔和 12 架空客 A380 飞机起吊到空中。也有体积更为小巧的，如拥有原创智能推片机等尖端技术的“太行”验血装备。

验血装备由 5 个不足一米见方的箱体组成，面对这一目了然、毫无“故事感”的外观，团队几近抓狂。因为任何高超的摄影技巧，在它面前都无用武之地。不过，当获悉它是一座由 6 万多个精密零部件组成、每小时可接纳 1000 支血液试管的微型验血工厂时，团队立刻意识到，揭秘它复杂精巧的内部乾坤，或许正是观众的兴趣所在，因为这是从未见过的场景。

我们想到了《爱丽丝梦游仙境》，决定参考爱丽丝与仙境的空间比例关系——既然我们无法将装备变大，唯一能做的就是把自己“缩小”，缩小到摄影机镜头能够进入它的内部，在微缩乾坤内游走。当然，这是意念上的“缩小”，也就是获得“微观视角”。

在取得研发单位首肯、拆除了部分外壁板之后，摄影组运用形似“探针”的特殊镜头，见缝插针地探入其内部，捕捉精密微型工厂智能而高效的机械运动，拍摄到了正常视角难以窥见的隐秘宇宙。

不过，即便“探针”能游走于微缩“街巷”，一些零部件的反面却依然难以企及。摄影师于是就把小镜子贴到零部件后面，通过拍摄镜像，让观众近在咫尺地观察到验血工厂如何对血细胞进行染色、计数和分析，了解日常生活中的验血报告单上那些“箭头”是如何产生的。

摄制组拍摄验血装备

拍摄精密装备有难度，大型装备的呈现也同样面临挑战。因为当所有的“宏大”“巨大”“庞大”“硕大”被困于16:9的画幅中，再雄伟巨硕的机器也难以冲破画幅的局限。解决之道是，为大型装备寻找参照系。

我们找到了“人”！

当巍峨高耸的装备与它的缔造者——“渺小”的人同框时，体积上的极致反差，就有了“此时无声胜有声”的效果。不仅如此，参照系还使“人”的力量得到充分彰显，成为“人”的本质能量的硬核显现。

除了“宏伟”与“渺小”的对比，还有“非凡”与“平凡”的对照。装备高冷伟岸，但缔造它的人却样貌平平。他们大多不善言辞，不事修饰，有的甚至面容沧桑。当面对镜头时，也毫不掩饰自己为改善家人生活而辛劳奔波，但同时又按捺不住内心的自豪，因为他们参与了祖国的现代化建设。

人与装备

正是这些成就着举世伟业的“平凡”人，将自己“择一事、终一生，不为繁华易匠心”的精神基因赋予了装备，装备才有了“力可擎天、忠诚于人且永不知疲倦”的禀赋。

摄制组与风电安装工

从抽象的“春天”重返具象的泉

美国女作家、教育家海伦·凯勒年幼时，她的老师莎莉文将她的手放入泉水中，让她感受水的清凉；让她触摸落英，感受花瓣的柔软。后来，海伦·凯勒写道，“我的春天是一座玫瑰园……”

泉水、花朵是具象的，但人对“春天”的感受是抽象的；泉水、花朵是简单的，但人对“春天”的感受是复杂的。从具象到抽象，从简单到复杂，是我们认识世界的必由之路。

2020年12月1日，是一次难忘的前采。为了给我们解释“氢原子磁共振原理”，陆续有13位工程技术人员走进会议室。他们十分耐心且尽可能详细地讲解着，但文科生的我们却依然一头雾水。我至今仍记得那个场景，老师们满脸疑惑地望着我们，潜台词是“这么简单的道理你们怎么就听不明白呢？”13张疑惑的面孔组成一本启示录，让我明白了我们的使命是什么。

《超级装备》第二季作为央视总台影视剧纪录片中心的重点项目，得到国务院国资委、国家卫健委、交通运输部等部委的鼎力相助，由部委组织专家推荐，再从中甄选出18个尖端装备。这些装备无不是人类最高等级的智慧结晶，充满科学原理、专业术语和枯燥数据，是其“天然秉性”。但要想让普通观众理解这些“高级抽象”，我们的使命就是化繁为简、重返具象。

《超级装备》第二季剧照

但这并不容易！如果把专业知识比作难啃的“硬骨头”，并非我们把骨头敲碎，观众就能明白。因为敲得再碎，它还是“骨头”，性状没有改变。而是我们必须把“骨头”吃下去，并且分泌大量的“消化酶”去分解和消化，最终把它们变成易吸收的“营养物质”。而“消化酶”则是创作者长期的知识积累、经验和想象力，因此，“知识转化”并非简单的物理过程，而是复杂的化学过程。

摄制组搭乘吊笼

于是，在全球首座十万吨级半潜式能源生产平台“深海一号”，“高 120 米、总重量超 5 万吨”的抽象数据，被我们转化为“相当于 40 层楼的高度，投影平面有 2 个标准足球场大小，排水量相当于 3 艘中型航母”的具象信息。

摄制组搭乘吊笼前往工作船

于是，在拥有 16 颗百万千瓦级“中国心”的白鹤滩水电站，“坝高 289 米、坝长 709 米、浇筑它要耗费 803 万立方米混凝土”的枯燥数字，被我们转化为“坝体相当于埃及胡夫金字塔体积的 3 倍多”的空间概念。

而水轮发电机组内部由“屈服 780”特种钢打造的蜗壳，针对它“承压强度为每平方厘米 780 兆帕”的抽象信息，我们先把“780 兆帕压强”换算成“8 吨重”，再根据成年非洲大象每头 3~5 吨的体重，最终将蜗壳的承压能力转化为“就像在人的指甲盖上站两头成年非洲大象”。

一次次想象和转化，让我们仿佛也经历了从抽象的“春天”重返具象的泉水和花朵的逆生长过程。如果人生是一次旅行，拍纪录片就是一场美妙的奇遇。

灵魂的力量足以四两拨千斤

我问老范，“如果有来生，你还会选择这个职业吗？”老范突然眼圈红了，沉默了片刻，他说，“如果有得选，我会选离家近一点的工作。想好好照顾一下老母亲，还有小孩……”话没说完，他就背过身去，用手抹起了眼泪。听了老范的回答，我的眼泪也忍不住流了下来。我不再追问，而是静静地待在摄影机边上，等他慢慢缓过来。

老范是“深海一号”的工程师，负责庞大的“水下采油树”的安装调试工作。作为海洋石油领域的资深专家，他深知水下生产系统对于平台的重要性。为了工程，他常年漂在海上，很少回家。

摄制组采访老范

等老范从情绪中抽离、重新回归中断的采访后，我问他，“有想过逃离吗？”他回答，“不会，因为我也是老党员。”

一直到采访结束，我眼里还噙着泪。在纪录片的世界，我们会遇见很多人，或许我的提问会碰触到他们的痛点，让他们敞开心扉。但很少有人知道，其实是他们深深打动了我，触碰到了我们内心最柔软的角落。哪怕以后不再记得他们的名字，甚至忘了他们的模样，这份感动也不会褪色。

对超级装备“伟大躯壳”的描绘，无疑是一项艰巨而复杂的任务。它包含对装备的庞大机体的解构、极限能力的刻画、神经系统及外部感知能力的描述。但在完成这一艰巨任务的同时，一个问题始终困扰着我。

装备、人、肉眼所见的一切，究竟是什么维系了它们之间的关系？如果我们的影像只止步于对“伟大躯壳”的描绘，而不触及它的灵魂，纪录片真的能打动人吗？

摄制组在“振华 30 号”

摄制组在“深海一号”

在被16根“定海神针”系泊于茫茫大海的“钢铁浮城”，在缆机穿梭的白鹤滩大坝，在以37克自重承载患者数十年人生的脑起搏器的制造园区，那些“渺小”而忙碌的人在想什么？守着平凡，耐着寂寞，他们的“诗与远方”又是什么呢？

每次采访，我都会花很多时间，希望叩开他们的心扉。我们满怀敬意地走近他们，因为我相信，伟大的躯壳一定会有非凡的魂魄。在展现丰满的物质世界的同时，我们更想展现灵魂的力量。

“鲲龙”AG600是一款先进的大型灭火/海上救援水陆两栖飞机。采访总设计师黄领才时，我发现他每个问题都回答得十分从容。显然，有着丰富受访经验的他，不会轻易向媒体打开心扉。直到我问他，“首飞的前一天晚上，您在做什么？”他说，“半夜1点多我还在现场，我是围着飞机左转三圈、右转三圈，就像看着自己的孩子要远离家门。我很少在外人面前流泪……”说到这里，他再一次忍不住热泪盈眶。

这些内容，构成了纪录片最感人的部分，被放在片尾的“彩蛋”里。纪录片首先要完成对“伟大躯壳”的勾画，而“灵魂”，应该安静地待在“躯壳”内。以95%的篇幅来展现装备，而“彩蛋”只有短短两三分钟，因为两者本不在一个叙事维度。

与正片的叙事维度不同，“彩蛋”带有幕后的、内部的、补充的意味。把“灵魂”安放于彩蛋，由另一个叙事维度所产生的“疏离感”，既避免了“喧宾夺主”，又扩张了纪录片的整体厚度与力度。

安放灵魂，只需要一点点地方就够了，因为灵魂的力量足以四两拨千斤！我相信，真正打动人的，是有机的、有灵魂的和从未见过的场景。

本文作者系《超级装备》系列片总导演、总撰稿，上海师范大学教授，上影集团高级编辑

人物专访

李路明：战战兢兢地做科研、做临床

【“医疗装备”是《超级装备》第二季的重要组成部分，摄制组不仅聚焦中国尖端医疗装备，还走访了该领域的资深专家和学科带头人。清华大学教授、清华脑起搏器科研带头人、神经调控国家工程研究中心主任李路明，于节目拍摄期间接受了总导演韩晶的专访。】

韩晶：李教授您好！这些天我们在医院拍摄有关脑起搏器治疗的一些场景，我们看到，当医生通过电极对患者的大脑实施电刺激后，患者原先震颤的手很快就不再震颤，这确实令人感到振奋。您作为清华脑起搏器科研团队的灵魂人物，能否给大家普及一下脑起搏器的工作原理？

李路明：我们知道，人的所有的生理活动都与大脑有关。从原理上讲，我们可以通过调控神经系统来干预人的生理活动。从临床的角度看，直接与大脑相关的疾病有很多，像帕金森病、癫痫、阿尔茨海默病等。平时我们看到很多老年人的手或脚会不自主地震颤，其中有一些就是特发性震颤的患者。那么，我们是不是可以通过调控与这些功能相关的大脑环路或与这些疾病相关的特定靶点，来改善疾病症状，让患者的生活质量提高呢？

脑起搏器是神经调控医疗器械的一种。它是通过把电极植入患者的大脑深部，对刚才我说的那些与大脑环路相关的靶点进行调控，来缓解或治疗相关疾病的一种植入医疗装备。

韩晶：当初是什么原因或契机，促使您投身于这项研究？

李路明：差不多20年前，我们清华大学和天坛医院在做学科交叉研讨时，天坛医院创始人王忠诚院士提出，脑起搏器可以治疗很多疾病，尤其对大脑的功能性疾病如帕金森病，有很好的治疗效果。我觉得人的大脑是最神奇的一个器官，如果能够做一些与这个神秘器官相关的研究工作，肯定很有意思也很有意义。所以从那时候起，我就开始从事与神经、神经调控和脑器官相关的一些工作了。

韩晶：对包括帕金森病在内的神经系统疾病的治疗，在脑起搏器发明之前，传统的治疗方式有哪些？脑起搏器治疗与传统治疗方式相比，最大的优势或革命性的突破在哪里？

李路明：人类认识帕金森病，可以追溯到 200 多年前。1817 年，一个叫 James Parkinson 的英国人，最早描述了帕金森病的症状。对帕金森病的治疗，也经历了一个漫长的过程。后来，与帕金森病相关的一些疾病机制被发现，是我们大脑中分泌多巴胺的神经元的凋亡引起的症状。

在人类治疗帕金森病的历史上，有两个重要的里程碑。首先，是发明了左旋多巴这类药物。这个药获得了拉斯克临床医学奖，后来也获得了诺贝尔生理学或医学奖。

但是这个药，当患者在用到一定程度后，会出现副作用。随着病情的加重，药量越来越大，副作用也越来越大。这个时候，通过脑深部刺激也就是脑起搏器治疗，可以让患者再次获得比较好的生活质量，同时可以大大减少用药量。因此，脑起搏器的发明，在治疗帕金森病的历史上，是第二个里程碑。

从我们的研究实践来看，我们与全球临床专家和基础研究人员的观点基本一致，脑起搏器可以更早地帮助患者，而不是等到患者出现了药物副作用后再去使用。如果把脑起搏器的应用时间再提前一点，可以让患者往后的生活质量更好。因为有些研究发现，电刺激对神经元有一定的保护作用，可以延缓神经元或神经细胞的凋亡。

韩晶：脑起搏器与其他装备很不一样，它是直接被植入人体，而且是植入人体的司令部、最核心最宝贵的器官——大脑。作为这项研究的学科带头人，您能自信地告诉观众，这个装备不光有效，而且是安全可靠的吗？

李路明：我想，这个问题是科学与人文相互交叉的一个问题。从科学技术的角度讲，脑起搏器所面临的一个非常大的挑战是，它的闭环周期特别长。也就是说，从研发到临床到最终用到人身上，时间跨度非常长，科研团队用了 10 多年时间。清华的培养和清华精神，让我们精益求精地做事情，把技术做到最扎实，把各种可能性、可靠性的问题一点点解决。

但是就像您说的，大脑是我们人最精密、最宝贵的一个器官，要在大脑上打两个孔，把我们的电极植入大脑，而电极要在大脑里工作 10 年以上。这对于任何一个人来讲，做这件事都是战战兢兢的。我和团队在研发过程中，有一个非常非常朴素的观念，就是如果我们的亲人、我们的父母要用这个设备，你放心不放心？我们就是本着这么一个态度，战战兢兢地做科研、做临床，力争把技术做到极致。

刚开始临床试验的时候，我们心里其实一直是打鼓的。虽然前期做了很多动物实验，做的验证都没有问题，但毕竟是用到人身上。我记得做临床试验那段时间，每天凌晨三点多我就睡不着了，脑子里就像放电影一样，反复播放我们做过的每一个细节，突然会想到一个问题是不是没有解决？再一想又解决了。就是在这样一种跌宕起伏的纠结状态中，我们熬过了临床试验阶段的一个个黎明。

我要求所有的团队成员，包括我自己，包括学生，都要去看临床。在大脑颅骨上打两个 14 毫米的孔，把 1.3 毫米直径的电极插入大脑，虽然这对神经外科来说是一个微创手术，但对于我们，这是在人的大脑上打孔，我们是不是放心我们的工作能支撑脑起搏器在人体内为患者工作 10 年到 20 年？每个人都要对自己的行为打个问号，我希望最后这些问号都变成一个个感叹号。

韩晶：脑起搏器体积非常小，只有37克自重。您觉得跟其他装备相比，这个精密装备最大的不同是什么？

李路明：我们看不到它，它在患者的体内，但是它和患者的生命息息相关。与一些庞然大物相比，我认为它是有生命的。因为我们希望它更有温度，能够体现科研人员在研发过程中的所思所想，能够真正为患者解决问题，我觉得这是它与其他装备不太一样的地方。

韩晶：在这次拍摄中，我们发现了一个新的亮点——“动捕”。大家都知道，“动捕”技术与动画、电影特效等有关，那么它是怎么跟脑起搏器相结合的呢？

李路明：把“动捕”和脑起搏器相结合，出发点还是为了让患者获得更好的治疗效果。帕金森病患者会出现各种不同的运动障碍，对这种运动障碍进行捕获，深入分析他哪些地方与正常人不一样。在获得更多的类似信息之后，我们就可以通过人工智能，来建立它们与刺激参数的关联性，调控刺激参数，让患者获得更好的疗效。

“动捕”技术还有一个好处，就是能够支撑我们未来基于互联网的一些远程医疗。我们可以让患者在远端说一段话、做几个动作，基于“动捕”技术，分析患者的录像，与他的刺激参数进行关联，这样就能让患者获得更精准的治疗。

韩晶：拍摄过程中，我们还了解到一个名词，叫“换脸技术”，这又是怎么回事呢？

李路明：中国幅员辽阔，患者在做完手术回家后，如果需要调控脑起搏器的参数，他就必须回到原来为他做手术的医院。那么不少患者路途遥远很不方便，所以从2012年开始，我们就研发了一套远程调控系统。患者可以在居住地的医院甚至在家里，由医生根据他的病情、季节及药物的变化，远程帮助他调控脑起搏器的参数，让患者获得更好、更便捷的治疗。

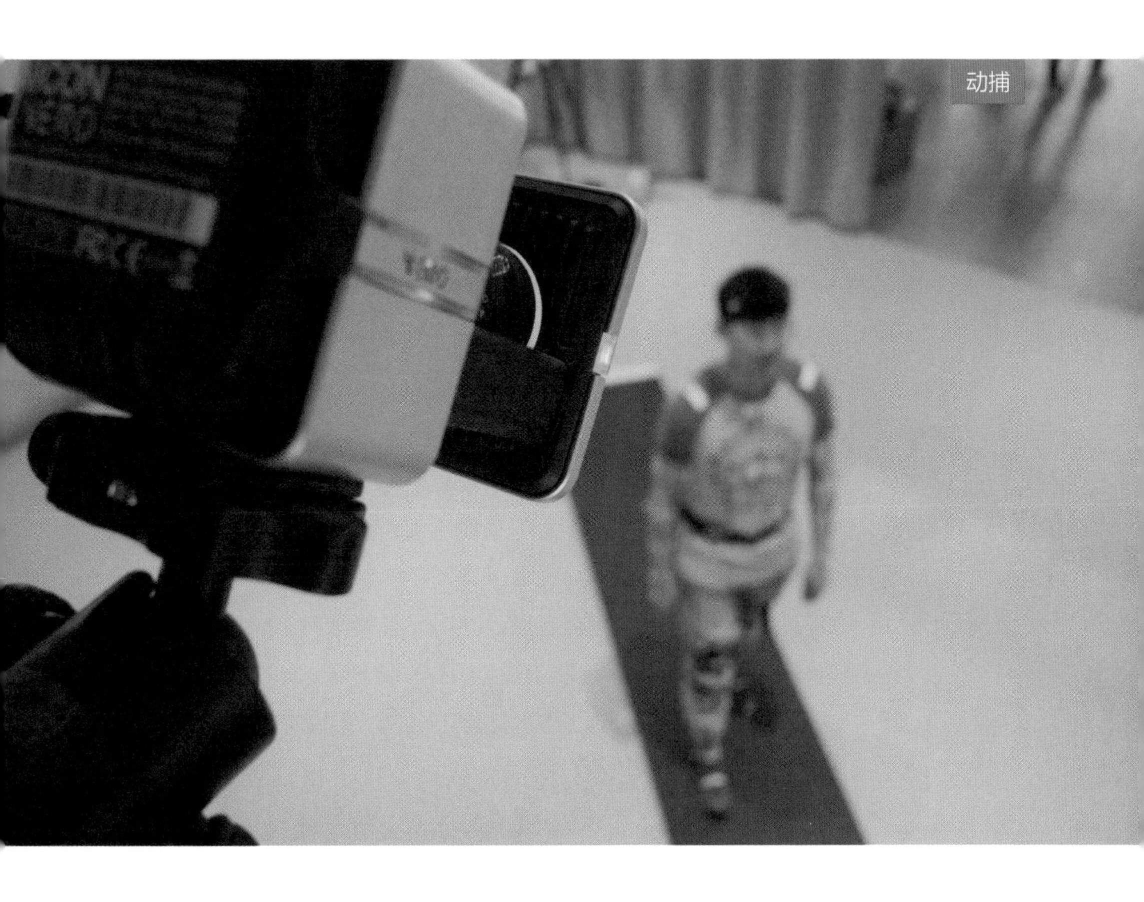

但我们知道，患者把他的图像、语音远程传递到医生端，会涉及医生可能把他的图像录下来等潜在的个人隐私问题。那么患者的隐私能不能得到很好的保护？这可能是未来他们很关心的一个问题。科学研究要有前瞻性，我们是全世界率先开展患者隐私保护这项工作的。通过“换脸技术”，让患者传递到医生端的面部得到改变，但同时又保留了他与疾病相关的信息。所以未来，患者不用担心远程会带来潜在的隐私泄露问题。

韩晶：“换脸技术”的核心，是保护患者的个人隐私。人们通常认为，一个人得了重病也就顾不上尊严了，但是研发团队恰恰从这一点出发，研发出一整套对患者隐私予以保护的技术。我觉得这已经超越了技术本身，上升到了人文或生命意义的层面。

但同时，我还有一个疑问。脑起搏器是对人的大脑神经的人工干预，给人的感觉非常科幻，让人联想到随着科学技术的进步、人工智能的发展所带来的无限可能性。比如未来，我们身上有些“零部件”坏了，我们可以通过植入的方式来进行更换。更换一个膝关节，甚至更换一个肺，大家都能接受。但是，把一个机器植入人的大脑，这会让人联想到，未来我们是不是也可能通过这种人工干预的方式，部分地甚至是全部地去控制一个人的思维，继而控制他的行为呢？

李路明：这是一个非常有意思、同时又是非常严肃的科学伦理问题。技术发展到今天，我们已经可以做很多与人体相关的人工干预的事情了，包括大脑。刚才您提的问题，我想，我们有两个基本的出发点要时刻牢记。

第一，从临床的角度，我们能不能给患者更多的收益？我们有很多患者，从原先在家里需要人全天照顾，到经过治疗后变成了家里的一个劳力。有一位患者曾给我发短信说，前年他流着口水、需要别人喂他吃饭，今年他在炒菜、包饺子。这是技术给人类、给患者带来的帮助，它彻底改变了患者的生活，提升了他们的生活质量。

第二，我们又必须非常谨慎地面对潜在的伦理学问题。脑起搏器直接干预患者的中枢，我们能不能尽可能少地影响患者的精神状态和心理？或者它的影响是一些正向的影响？脑起搏器同时也是潜在的治疗抑郁症的一个非常好的工具，我们正在开展相关的研究，希望未来它能对抑郁症患者起到良好的治疗作用。

在解决临床问题的同时，尊重生命、尊重人，这是我们作为科学工作者心里的一杆秤。我希望，科技可以改变我们的生活，让我们的生活更加美好！

韩晶：科技给患者带来福祉，同时科学工作者又要谨慎对待潜在的伦理学问题。感谢您的分享，非常精彩！

人物专访

黄领才：做一款救苦救难的飞机

[“救援装备”是《超级装备》第二季的重要组成部分，摄制组不仅聚焦国产先进救援装备，还走访了该领域的资深专家和学科带头人。中航通飞华南飞机工业有限公司总工程师、“鲲龙”AG600总设计师黄领才，于节目拍摄期间接受了总导演韩晶的专访。]

韩晶：黄总您好！作为航空人，您拥有多年的飞机设计经历和经验。那么当时是什么机缘，让您参与并主持了“鲲龙”AG600的设计和研制？

黄领才：我在航空领域工作已经有30多年了。我大学本科学的是直升机设计，毕业以后就到了哈尔滨飞机工业集团设计所，一直从事“直9”系列直升机、“E20”直升机及“运12”系列通用飞机的研制。从一个设计员到专业室主任再到副总师、副所长、所长，然后又到公司担任副总师，应该说，我的专业经历还是比较完整的，对民用飞机的研制，包括适航管理，也有一定的经验和基础。

AG600这个型号的立项，是以大型特种民用飞机的研制背景来立项的。中国特种飞行器研究所，也就是605所接受了这个设计任务。由于当时的设计队伍严重缺乏技术人员，刚好我的工作背景与这个型号的研究需求有很大的契合点，所以就把我从哈飞集团调到605所任副所长，同时担任AG600的常务副总设计师，协助我们总设计师开展研制工作。

从过去研制小飞机，过渡到研制大飞机，这对我来说是一个非常难得的机会，同时也是一个严峻的挑战。

韩晶：从专业的角度看，参与“鲲龙”AG600的研制，确实是一个顺理成章的过程。但除此之外，还有其他原因或契机吗？

黄领才：对我个人来说，它实现了我儿时的一个梦想。我八岁那年，黑龙江宝清县完达山北麓发生了一场森林大火，燃烧了十几天时间，把完达山北麓的整片森林都烧毁了。

火灾就发生在我们村前面的大山里。眼看火势在风的吹动下直奔我们村庄而来，村里人都非常紧张，非常害怕。还好就在距离我们村还隔着一个山头的时候，风向开始变了，火势向东而去。

当时县里调集了几千人进山扑火，我们小孩子就帮着大人去劈柴、烧开水，做饭往山里送。为了侦察火情，每天都有飞机在天上飞，我们小孩子看到飞机特别兴奋，就追着飞机跑。后来大人们就说，你们长大了去造飞机、开飞机。可能是从那个时候起，飞机就潜移默化地对我产生了心理影响。

后来在填高考志愿的时候，我第一志愿选了南京航空航天大学，第二志愿选了西北工业大学，第三志愿选了北京航空航天大学，然后又选了沈阳航空航天大学兜底。现在回想起来自己都感觉不可思议，我的志愿全部选了飞机设计专业。当然，后来被第一志愿录取。毕业后进了哈尔滨飞机工业集团参加飞机设计工作，从此踏入航空领域干了30多年。

过去一直是研制小飞机，从没想过会有机会研制大飞机，尤其是研制一款灭火飞机。我们都知道，1987年的大兴安岭森林火灾造成的损失是非常大的，所以当我接到参加大型水陆两栖飞机研制任务的时候，我突然就有了一种儿时的梦想可以实现的感觉，很兴奋，很激动。

韩晶：独特的童年经历，已经在您心中埋下了种子，想要成为灭火英雄。或许在一个人的成长过程中，只要他心里有梦，冥冥中就会有一双手来推动他往梦想的方向走。

黄领才：回想起来，一个人儿时的梦想，甚至可能不经意的一件事情，都会影响你未来一生的选择，因为它潜移默化在你的心灵中，对你未来的一些决策产生影响。

韩晶：作为“鲲龙”AG600的总设计师，您认为设计一架水陆两栖飞机，跟设计陆上飞机的最大不同是什么？

黄领才：从这款飞机的外观上我们就可以看到，它的上半部分是常规的陆基飞机的布局，而下半部分是按照高速船的外形参数设计的。机翼的下方有两个浮筒，这也是陆上飞机所没有的，是为了让飞机在水上漂浮时保持稳定性。

常规陆基飞机的起飞和降落，是在一个刚性的跑道上，主要靠起落架来实现。而水陆两栖飞机，它首先是一款飞机，它要实现陆上飞机所有的功能，同时还要满足在水面起降的特殊要求。

水是波动的，不稳定的，水的阻力要比空气阻力大800倍，水的密度也是空气的800倍。因此，飞机在水动力设计上有很多特殊的要求，是在满足陆基飞机要求的基础上额外添加的。

第一，阻力系数要小，保证飞机在水面能很快加速到起飞的速度；第二，飞机在水面滑行过程中，必须能保持稳定的姿态；第三，姿态上能够可控；第四，飞机在滑行过程中，水的喷溅不能干扰到飞机结构的安全性。

比如，喷溅出来的浪花，不能打到螺旋桨和飞机的发动机上，也不能打到机翼上。喷溅特别大的时候，浪会沿着飞机爬到风挡上，会影响人的视线，所以喷溅对飞机在水面滑行的影响还是比较大的。

还有，就是飞机的抗浪能力。在波浪海面尤其在恶劣海况下，飞机的起飞和降落是非常困难的。所以飞机的抗浪性，实际上是水陆两栖飞机最终在海上使用的最关键的一个指标。

飞机在水面漂浮时，还有一个安全性问题，可能会意外出现船体结构破损，影响飞机在水面的漂浮姿态，所以我们在飞机船舱下面布置了7个水密舱。就算有两个相邻的水密舱破损积水，飞机仍然能够安全地漂浮。因此，从设计的复杂性和难度上，“鲲龙”AG600都比陆基飞机要更大一些。

韩晶：也就是说，“鲲龙”AG600不仅要解决飞机在陆地起飞的气动力学问题，还要解决在海上起降时的水动力学问题。

黄领才：是的，船舶在水上航行的速度是比较低的，一般也就10到20多节，超过30节就是非常快的速度了。快艇的速度是40~50节，鱼雷的速度是60~70节，世界上最快的鱼雷可能达到100节。而飞机要想升空，离地速度约为180千米/小时，也就是100节。

水面对飞机的干扰，尤其是水动力对船体结构的冲击载荷，要比陆上飞机大得多。另外，水面的潮湿盐雾环境，对飞机的腐蚀也是非常大的，这都是水陆两栖飞机需要特别考虑的问题。

韩晶：所以难度不是1+1=2，而是1+1 > 2。能分享一下研制过程中您印象最深刻的一件事吗？

黄领才：水陆两栖飞机从机头到机尾，没有一个等值段，每一个剖面的形状都是不同的，我们叫“双曲变截面”。而一般的运输类飞机都有等值段，只有机头和机尾才做一些修型的设计。因此从结构制造上，水陆两栖飞机要比运输类飞机的难度更大。

按照初始预想的方案，我们进行水动实验和气动实验，但很快就暴露出一些问题来。比如，在水里做实验的时候，出现了“海豚跳”，就是飞机在水面滑行过程中上蹿下跳。一旦幅度大了，飞机就会一头钻进水里。

刚起步就遇到了“拦路虎”，当时我们的压力非常大，到了几乎崩溃的程度。但作为总师、技术上的领头人，我又不能把这种情绪表达出来，这会给团队带来负面影响。压力只有自己在心里扛住、顶住，有时候真是感觉上天无路、下地无门。过程中光是水动力测试，我们就做了一万多次，才把参数最终敲定下来。

“鲲龙”AG600 水动力试验

韩晶：首飞的那天，您在做什么？是怎样一个状态？

黄领才：应该说陆上首飞，我内心的压力是巨大的。毕竟一款飞机能不能飞起来，陆上首飞是检验飞机总体气动布局、各系统功能的最重要的环节。而且陆上首飞是飞机第一次真正离地，此前我们都只是在地面上滑行。

当时我是既兴奋又紧张，既期待它早点飞起来，同时也多少有些忐忑。毕竟第一次做这样一款大飞机，而且当时我们整个设计团队是一支非常年轻的队伍，平均年龄还不到 28 岁。

第二天就要首飞了，前一天晚上半夜 1 点多我还在现场。我是围着飞机左转三圈、右转三圈，就像看着自己的孩子要远离家门，看着他就要飞上蓝天，那种期待，那种心情，难以用语言去描述。

第二天，飞机离地的一瞬间，啊呀，我的心就悬起来了，眼泪就流下来了。但是还好，我还控制得住，因为我在期待飞机能平安回来。起来容易落下来难，飞机能不能平稳落地？心一直是悬着的。

我曾半开玩笑地跟大家说，如果首飞允许，我们总师团队一起上飞机。成功了，回来喝庆功酒；不成功，便成仁。所以首飞前，我郑重向行动总指挥提出请求，我要一起上飞机参加首飞。其实我是想以这个决定来告诉机组，飞机是安全的，你们放心地飞，我敢上飞机和大家一起飞。

当然，试飞有管理规定，最终我的请求没有获得批准。所以当飞机经过 64 分钟的试飞平安落地的时候，我的情绪控制不住了，话都说不出来，心里的石头才算真正地落了地。

陆上首飞成功，表明飞机的总体气动布局、各个系统的功能都满足了设计要求；水上首飞成功，表明飞机的水动力特性得到了验证，说明它未来能在水上起飞和降落；海上首飞成功也很重要，海面环境要比内湖更加恶劣，接受海洋环境的考验，使飞机在未来适海性方面又前进了一步。三个首飞成功，是非常重要的里程碑。

韩晶：每一种装备都负有自己的特殊使命，您觉得“鲲龙”AG600 的使命是什么？

黄领才：刚接到研制任务的时候，我也仅仅把它当成一项科研任务，并没有想得太深。直到 2012 年总书记视察珠海时，第一站就到我们中航通飞，登上了 AG600 物理样机。在听取汇报后，总书记说这个型号非常重要，你们要加快研制进程，早日投入使用。临别的时候，总书记又握着我的手说，你是总设计师，你要好好干。当时我就请总书记放心，我们一定把这个型号研制成功。

说完这句话的时候，我突然感到肩上的担子重了，有一种巨大的责任和压力。

发生海难时，遇险人员浸泡在海水中，体温会很快下降。浸泡在 10 摄氏度以下的海水中，人 15 分钟左右就会失去知觉。浸泡在 15~20 摄氏度的海水中，人的生命可以维持 2~5 小时。所以海上救援有一个最佳黄金救援时间，就是 2~5 小时，救援人员必须快速抵达救援现场。

“鲲龙”AG600 的巡航速度是 480 千米 / 小时，可以在两米浪高情况下降落在水面，直接把遇险人员救上飞机，飞机起飞返航。因此对于海上救援，尤其是中远海，它是最高效的一种救援工具。

而在进行森林灭火时，我们可以利用它的船舱作为储水箱。它在水面滑行过程中就把水汲满了，到了林区上空把水投下去。森林附近一般都会有湖泊或河流，飞机就可以循环往复地进行汲水，是非常高效的一个灭火航空器。

目前我们国家每年有三四千起森林火灾，每年要烧毁几十万公顷森林。尤其在西南林区，高山峡谷，人员攀登上去灭火非常困难，所以每一场大火，损失都非常惨重。凉山木里火灾，我们牺牲了 31 名消防救援人员，西昌大火又牺牲了 19 名消防救援人员。

每次发生大型火灾的时候，我心里都非常难受，迫切希望我们的 AG600 能早一天投入使用。我曾经和同事们说，我们不仅仅是在做一款飞机，实际上我们是在做一件大的功德。这款飞机，是一款救苦救难的飞机，我们把它研制出来，它会救多少人？所以团队每个人心里都憋着一股劲，一定要把它研制成功，去保护我们的绿水青山，保护人民群众的生命安全！

韩晶：是的，不仅仅是在做一款飞机，更是在做一件大的功德。衷心期盼这款救苦救难的飞机能够早日投入使用，在生死救援第一线，一展它的雄姿。

摄制组采访“鲲龙”总设计师黄领才

人物专访

徐　勇：医学不是一门冷冰冰的科学

［“医疗装备”是《超级装备》第二季的重要组成部分，摄制组不仅聚焦中国尖端医疗装备，还走访了该领域的资深专家和学科带头人。时任深圳市第二人民医院临床检验主任技师、党委书记徐勇教授，于节目拍摄期间接受了总导演韩晶的专访。］

韩晶：徐教授您好！这段时间我们在医院拍摄验血装备的实际应用，真切感受到尖端医疗装备为广大患者带来了福音。那么作为医者，您认为先进的医疗装备给医学的发展又带来了什么？

徐勇：西医对我们来讲，是一个舶来品，进入中国也就100多年历史。在这百年历史中，中国人逐步接受了西医。当然现在，西医是我们整个医疗体系的中流砥柱。

我们对西医的认识，从最开始的感性认识，到逐步形成理性的认识。过去，我们认为西医是不是包治百病？其实很难，因为人类对自身都还不完全了解，所以西医不可能包治百病。

过去，西医也是在混沌中摸索前进。自然科学的发展，推动了西医的发展。因为我们发现了微生物，发现了X射线，我们发明了青霉素，我们的很多诊疗手段都是随着自然科学的进步而产生的。所以自然科学的发展，或者我们叫两次转化医学的革命，极大地推动了西医的发展。

西医是靠现代的检测和检查技术来支撑的。也就是说，西医需要有“眼睛”，需要有“耳朵”和“鼻子”，帮助医生诊断疾病。所以，现代医疗装备的发展，对西医的发展起到了决定性的推动作用。

韩晶：中医讲究“望闻问切”，其实西医也同样需要“眼睛”“耳朵”“鼻子”，也就是医学检验装备。在日常生活中，人们往往崇拜经验丰富、医术高明的医生，那么您认为医疗装备与医生是怎样的一种关系？

徐勇：西医在发展初期，其实是一种经验科学。也就是说，它是从很多实践经验中产生的。在西方，最早从事医学行业的是传教士。每当瘟疫来临时，人们总是去教堂寻求庇护。那个时候，牧师、修女是照顾病人的主体，所以西医院的雏形，其实是教堂、避难所，或者是瘟疫隔离所。

随着人类对自然的认识不断深入，西医从过去的经验医学逐步走向了实证科学。我们在治疗疾病的时候，必须诊断病原体是什么。而在古希腊、古罗马，西医是不讲证据的，它把人分为多种体质、多种血液类型，根据类型来进行治疗。

但是，随着我们对疾病的认识不断深入，我们发现任何疾病都是有原因的，比如，感染是有病原体的。所以，细菌的发现，显微镜的发明，极大地促进了病理生理学的发展，推动了西医从过去的经验医学走向实证科学。

随着先进医疗装备的不断出现，我们发现证据的能力越来越强，所以医生诊疗疾病也越来越得心应手，因为他知道病因在哪里，针对病因来制订诊疗计划，就会越来越精准。

我们说病人崇拜好医生，是因为他们觉得为什么有些病这个医生能看好，而别的医生却看不好呢？其实不是我们的治疗手段有什么不同，而是有经验的医生往往会把零碎的证据有机地串联起来，再加以逻辑判断，给出的诊疗方案可能更合理。

随着现代医学的发展，越来越多的精密医疗装备用于临床，让我们看到了更多的证据。有了证据以后，医生就能判断你到底得了什么病，处于疾病的哪个阶段。像肿瘤的治疗，我们还能根据患者的遗传类型，甚至基因突变类型，来判断患者对某种靶向药物是否敏感。

今天，一些临床决策辅助支持系统问世，它们是看不见的好医生。它能把很多证据串联起来，通过计算机分析，制订出一个最佳的最科学的诊疗方案。所以与其崇拜好医生，不如我们把眼光放到未来，更多的人工智能、更多的临床决策辅助支持系统，它们也许是更好的医生。

韩晶：医生好比“侦探”，通过搜集证据链，揪出侵入人体内部的致病“凶手”。而先进的医疗装备，给了“侦探”更好的武器。那么随着技术的发展，医疗领域也开始使用手术辅助机器人，您如何看待医疗机器人与人类医生的关系呢？

徐勇：这是非常有意思的一个话题，前段时间就这个话题有过很多争论。有人认为，是不是以后人工智能会替代人类医生？可能从事人工智能的专家会认为，我们已经可以替代你们了。但医学界的专家则认为，你们永远替代不了我们。而我认为，未来的发展还存在很多不确定因素。

从现有的发展进程来看，人工智能在某些方面确实可以替代人类，甚至比人类做得更好。比如，在医学影像领域，从事影像学的医生在诊断时，再有经验的医生也会存在一定的错误率。但人工智能不会，只要你把条件告诉它，它甚至可以通过自主学习，做得更快、更好。

国外曾做过类似的实验。比如，让一位非常有经验的心内科专家看一万份心电图，同时人工智能也看同等数量的心电图，最后发现，这位世界知名的专家有百分之十几的错误率，但机器没有。所以在某些方面，人工智能可能比人类做得更好。

但问题是，机器不会自主思考，不会进行逻辑判断，不会在紧急状态下进行灵活的思考。

比如，现在国内大量使用的手术机器人。很多人认为，手术是不是机器人自己做的？不是的。因为在另一端，是我们的外科医生在操作、引导机械臂去完成手术动作。比如，切开、缝合，机器人还得听从医生的指令。因为在手术现场，机械臂无法决定哪块组织该切，哪块组织不该切，切多深，切多大，哪个是血管，哪个是神经，这些都还需要外科医生来作出判断。

所以我认为，人工智能和人类医生之间，应该是一个相辅相成、亲密交互的关系。

人跟机器不一样，人会有疲劳、疏忽、犯错的时候，但机器不会。人的记忆和经验是有限的。比如，一位医生一辈子看过的病人或接触过的疾病种类毕竟是有限的，而人工智能可以把无数个优秀专家诊疗过的病例和临床经验汇总起来，形成一个资料库。在做临床决策时，它可以帮助医生少犯错误，或者辅助医生作出更好的选择，这就是人工智能比我们人类更有优势的地方。

但在未来很长一段时间里，我认为它无法替代人脑。人类大脑会自主思考，我们有逻辑判断能力，有临场应变能力，而这些，机器是不具备的。

韩晶：也就是说，机器、人工智能还不能替代人类，但在某些方面，它可以弥补人类的短板。感谢您分享这些有益的思考。我看过关于您的一些介绍，除了医生身份，您在业余时间还写诗。那么对于一位爱写诗的医者来说，医疗的本质是什么呢？

徐勇：这又是一个有意思的话题，也是一个很难回答的问题。我觉得，医学不是一门冷冰冰的科学。在临床实践中，我们常常会听到这样一种声音，说医生的眼里只有“病”，没有“病人”。有的医生会记住这个病人得的是什么疾病，是哪种肿瘤，但是他想不起病人叫什么名字。所以我认为，医生的眼里不能只有“病”，还要有“病人”。

我们一直倡导人文医学，医学不应该是苍白的无影灯下的白大褂，不应该是锋利冰冷的手术刀，而应该是医学人文的关怀，因为医生和病人的关系是非常微妙的。

我们讲“医患关系”，在中国古代叫“求医问药”，似乎医生是高高在上的，我们要治病，就得求医问药。但是现代医学观点认为，医患是共情的，因为他们有一个共同的“敌人”——疾病。所以医生和病人应该成为战友和朋友，而不应该只是买卖关系，你花钱我治病。不是的！

过去的“医患关系”，最怕的是，病治好了，你是圣人；病治不好，你就是坏人。其实不应该这样。病治好了，你是恩人；病治不好，我们还是战友、朋友，我们继续共同面对疾患。所以我觉得，在一个有温度的医院，医学不应该是冰冷的科学，而应该是充满人文气息，充满关怀和相互信任、相互理解的一门科学。

我们很多医生是理工男出身，但其中不乏有艺术天分非常高的专家。他们有的会弹钢琴，有的会画画，有的会写诗，有的会作曲，这也反映了我们医生群体的多样化。一个医生如果只会看病，那他或许不会成为一个医学大家。除了会看病，还要构建良好的医患关系，构建有温度的医疗环境，这才是医学大家应该具备的素质。

韩晶：医术也好，诗歌也好，最终都归结到“以人为本”。医生也不仅仅是医生，而是生命的关怀者。那么说到温度和人文关怀，我不禁想到“临终关怀”，以及目前社会反响比较大的“过度医疗”，您对这两个问题是怎么看的？

徐勇：大家对“临终关怀”和“过度医疗”的议论，实际上反映了医患之间的相互不理解。其实从西医的角度看，我们要让人有尊严地来到这个世上，也要让他有尊严地离去。所以“临终关怀”病房，在欧美的医院里很常见。

我曾去过美国一家知名的肿瘤治疗机构，“临终关怀”病房里住的都是肿瘤晚期患者，也就是失去了治疗价值的病人。治疗方案也是舒缓治疗，或者叫“临终关怀”治疗，就是尽量减少病人的痛苦，让他有尊严地离去，因为西医的产生跟宗教有很大关系。

人性关怀还体现在很多方面。比如，我在这家医院还发现了一个有意思的场所，叫“冥想室”。我问美国的同行，为什么要设立这样一个房间？美国同行告诉我，很多患者当得知自己得了绝症后，会陷入思维混乱，变得不知所措，这个时候需要有一个房间让他安静下来，让他去思考、规划自己今后的路，因此设置了这个“冥想室”。

人性关怀不是一句空话，而是体现在整个医疗流程和医疗环境中的。所以“临终关怀”在中国，我觉得还有很长的路要走。

而“过度医疗”，我认为是市场经济环境下催生的一种畸形的医疗手段。过去国家实行全民公费医疗的时候，就没有“过度医疗”的现象发生，为什么现在就有了呢？

这跟医疗系统的价值导向和定价系统、医保支付系统、医生薪酬系统的设置是有关系的。如果定价、医保支付和医生薪酬，不是以盈利为目的，而是以追求“价值”为目的，可能就不会出现“过度医疗”现象了。

美国哈佛大学商学院的迈克尔·波特教授提出了一个概念，叫“价值医疗”，就是病人获得治疗结果的平均成本，也就是医疗效果除以花费成本。要在尽量低的成本下取得好的医疗效果，同时还要让病人有非常好的医疗体验，这就是“价值医疗”。

我觉得“价值医疗”可以有效避免“过度医疗”。因为整个定价体系、付费体系和医生薪酬体系，都不把盈利作为衡量指标，而是看你能否安全治疗病人、治好病人，并且让病人在满意这个医疗效果的前提下进行付费。

目前，我们国家的医保支付体系也在改革，目的就是想消除“过度医疗”。因为“过度医疗”不但会给病人带来较高的成本，也会给整个医疗体系的发展带来阻碍。

韩晶：能否预见一下，中国大约需要多久才能实现您所说的这样一种医疗景象？

徐勇：我很难去做时间上的精准预测，因为医院不是独立于社会之外的世外桃源，它需要全社会文明水平的提高。当然，我们的国民素质已经在不断地提高，尤其是社会主义核心价值观提出以后，整个社会的文明程度和对价值观的理解，都在向更高的层次发展。

我们的医疗环境也会在适应这个大潮的过程中提升服务，所以我们提出的概念是，建设一个有温度的医院，就是奔着人文和谐、技术先进、环境优美、质量精准这个目标去的。

韩晶：作为医者，您从医这么多年来，最大的感受是什么？

徐勇：我觉得无论从事哪个专业、哪个行业，都应该秉承一个字，这个字也是中国几千年传统文化所倡导的一个字——“仁”。“仁”即爱人，你爱别人，别人就爱你。社会是这样，做医生也是这样。

在帮助病人解除痛苦的同时，我们获得了专业上的满足。病人在被解除痛苦之后，认为医生是个崇高的职业，他就会对医生、护士尊敬有加。如果处于这样一个和谐的世界，就不会有这么多的医患纠纷和矛盾了。

“医患关系”应该是怎样一种关系呢？我们提出了“医患共情”。“共情”说到底就是爱人，“仁”即爱人，这也是孔子说的。

韩晶：我觉得“仁即爱人”是今天专访的一个非常好的结语。期待如您所愿，所有医者的眼中都不只是有“病”，而是还有“病人”。让所有人都能感受到这份共情和温暖！

人物专访

尤学刚：心中有梦，不畏风雨兼程

[“能源装备”是《超级装备》第二季的重要组成部分，摄制组不仅聚焦国产先进能源装备，还走访了该领域的工程领军人物。海洋石油专家、“深海一号”项目总经理尤学刚，于节目拍摄期间接受了总导演韩晶的专访。]

韩晶：尤总您好！很高兴在海上见面，尤其是在庞大的“深海一号”的背景前进行采访。“深海一号”是世界瞩目的先进海洋石油装备，您作为项目的掌门人，当初是什么契机让您投身于这项工程的？

尤学刚：在世界海洋石油发展史上，整个石油工业产量的增长点在海上，而海上的增长点又在深海。如果追溯到 1859 年，美国宾夕法尼亚州打出第一口工业油井，当时的石油勘探开发成本很低。但随着时间的推移，石油的勘探成本越来越高，开发成本也越来越高。随着石油开采技术和装备的提升，也是出于生存和发展的需要，石油开发开始从陆地走向海洋，逐渐地又从浅海走向深海。

中国是一个 14 亿人口的大国，发展能源工业至关重要。要确保国家的能源安全，也是在这样的大背景下，我们开始了“深海一号”项目的建设。

今天，是我接手“深海一号”的第 796 天。在此之前，我做过 9 年的方案设计、20 多年的项目管理等海油相关工作。2013 年到 2015 年期间，我在渤海做了一个 100 多亿元投资、209 万立方米的油田，拥有 30 多年的油田开发项目管理经验。

但是这个项目，我是中途接手的。如果有退路可以不接，说实话我可能就不接了，因为没有这份底气和把握。如果失败，不只是个人荣辱问题，那是国家几百亿元的投资！

当时我不是唯一的候选人，但我是整个领导班子全票通过的一个人。坦率地讲，领导的信任让我无路可退，我接受了这个任务。

2019 年初来到“深海一号”时，我提出了一个口号，“努力到无能为力，拼搏到感动自己”。当时还不到 30 人，我一边组建团队，一边做方案设计。面对复杂情况下的多边工程，我知道自己的压力有多大，所以我给自己设定了这个底线。

韩晶：要面对中途接手的复杂情势，背负着国家几百亿元的巨额投资，我能理解您为什么把今天是您接收这个项目第 796 天记得这么清楚。因为责任重大，所以“度日如年”。我记得您曾说过，建造“深海一号”是天时、地利、人和，这句话怎么讲？

尤学刚：海洋石油开发的一个最大特点，就是“气候窗”。造船体的时候，我们投资建了 10 个大棚，工人们可以在大棚里进行焊接作业。造“深海一号”用的是高强钢，高强钢的特点是什么？只给你两次修改机会。也就是说，当第一次出现焊接质量问题时，你修复一次。第二次再有问题，你再修复一次。两次不成功，这块钢板就废掉了，就必须割掉。所以，它对焊接工艺的要求非常高。

2020 年的春节是个暖冬，而焊接质量与温度有很大的关系。焊接前，钢板必须要预热，所以暖冬使我们在焊接上的困难减少了许多。这是第一个“天时”。

第二个“天时”，我们在 2020 年春节遇到了新冠疫情。原定 3 月要进场作业，因为防疫的要求，一直拖到 5 月才进场。而 5 月的南海已经进入台风季，在那个时间段铺设海底管线，必然会遭遇台风。这对质量安全和成本控制，提出了极大的挑战。

但是，2020 年 7 月竟然没有台风！这是有气象记录 71 年以来绝无仅有的，7 月没有台风。我们连续施工 37 天，铺设了 90 千米长、18 寸直径的管线，一气干完。

第三个“天时”，是今年（2021 年）从腊月初七到正月初六，往年这个时间段，海上都会有 2.5 米以上的涌浪。可是今年（2021 年），“深海一号”离开制造基地拖行去南海的过程，是少有的顺利。以至于抵达现场后，很快就能组织施工。到正月初六，我们完成了 16 条锚链的回接。

说到“地利”与“人和”，“深海一号”的建造，只有放在中国才能实现。我的一个合作伙伴曾对我说，全球的海洋石油工程都在往后推迟，而“深海一号”却仍在正常向前推进。而且我们的建设人员，把质量和进度都控制得这么好。所以我说，“深海一号”的成功，在于人努力，天帮忙。

"深海一号"被拖航至南海

韩晶：是的，也许是中国人的努力，感天动地！那么在您眼里，朝夕相处了796天的"深海一号"，应该不只是一座"机器岛"吧？

尤学刚："深海一号"建造完成后，将来要交付给生产单位使用，生活楼里将要住120个人。这是什么概念？是120个年轻力壮的生命。平台的四面是茫茫大海，离三亚150千米，直升机要飞1小时。如果出现火灾或安全事故，救援直升机最快也得1小时才能赶到，这就是物理距离。

我经常和我的团队讲，这120条鲜活的生命，如果里边有你的父兄、你的小舅子，你告诉我这个活该怎么干！你怎么给两边的父母一个交代？我们再苦再难也就拼三四年时间，但未来，"深海一号"要运营15年、20年，我们有没有为平台上的生产团队想过？"深海一号"不是冷冰冰的钢铁，而是我们给生产团队的兄弟们一个最安全、最方便作业的处所。

2021年1月19日，"深海一号"离开烟台制造基地的时候，我独自站在码头上送它。那天是我接手它的第739天。它就像我的孩子，我的女儿，我管它叫"胖妞"。

无论是脐带缆回接，还是立管回接，我每天都在赋予我的“胖妞”生命，赋予它血脉。当立管提拉成功的时候，我感觉就像我女儿经历了 10 个月即将呱呱坠地。我内心深处何尝没有一点私心？我多么希望她是最完美的，我见不得别人说她有一丁点不好，有一丁点缺陷和不足。

韩晶：从个人情感上，您将它视如己出。但我知道，现实生活里您也有个女儿，那么您有时间去陪伴她还有您的家人吗？

尤学刚：2018 年我母亲去世了，2019 年母亲周年忌日那天我回了一次家。2020 年我没有休过一天假。如果说我欠家人的，我欠老妈一个忌日。

我爱人打电话跟我说，你一年没有休假，老爷子 90 多岁了，还有几年不知道，我不想让你尤学刚有任何遗憾。

这就是我们说的“忠孝难两全”吧。我不是一个大孝子，我欠孩子的，欠爱人的，不假。

在每一个重大的里程碑节点，我都会对我的团队说，在感谢你们的同时，我更要感谢站在你们背后的家属和亲人，他们的付出要比你们的更大。

韩晶：您觉得支撑你们的核心信念是什么？

尤学刚：有些事情赶上了，但是你没有抓住。而我们，既赶上了，也抓住了。这是担当，也是幸运。对于我个人来说，是历练，更是修行。因为心中有梦，所以不畏风雨兼程。

韩晶：确实，“深海一号”的建造，正好也赶上中国百年一遇的“气候窗”。您和团队紧紧抓住了这个“窗口期”，高效、高质量地把它完成了。感谢您的分享，同时也期待“深海一号”点火投产日子的到来！

人物专访

顾建英：从“以疾病为中心”到“以人为中心”

[“医疗装备”是《超级装备》第二季的重要组成部分，摄制组不仅聚焦中国尖端医疗装备，还走访了该领域的资深专家和优秀管理者。临床医学专家、复旦大学附属中山医院教授、博士生导师、党委书记顾建英教授，于节目拍摄期间接受了总导演韩晶的专访。]

韩晶：顾书记您好！在拍摄包括两米 PET-CT 在内的国产医疗装备的过程中，我们了解到“院企结合”这样一种形式，是医疗装备得以成功研发的有效手段之一。关于这一点，您能详细介绍一下吗？

顾建英：2014 年，我们医院有一个新的院区要开诊。但是当时整个医学界使用的医疗设备基本都是进口的，我们常说的 GPS，就是 GE、飞利浦、西门子，几乎没有国产医疗设备。所以当时我们就在想，是不是可以给国产医疗装备一些机会？让国产设备也能跻身于国际高端医疗装备的行列呢？

有了这个想法以后，樊院士（中国科学院院士、复旦大学附属中山医院院长樊嘉）就在那一年，跟联影的薛敏总（联影集团董事长）正式签署了一个战略合作协议。所有联影制造的国产医疗设备，先到中山医院来试用。

机器拿来之后，由我们医院的临床医生共同参与碰撞、实践，指出它哪些地方不足，并不断地优化它，包括后端的一些处理系统。经过不断的整合、优化、迭代，让国产设备能够满足我们临床的需求。

所以一路走来，我们国家第一台 PET-MR，还有现在的两米 PET-CT，都是在中山医院诞生的。

韩晶：两米PET-CT作为一款前瞻性的高端医疗装备，带给医院或者说广大患者的最大好处是什么？

顾建英：两米PET-CT，应该说是我们中国的国产医疗装备的骄傲，它也是全球第一款两米PET-CT。以往的PET-CT，扫描范围一般在30厘米、40厘米，而两米PET-CT一次就实现了2米扫描范围。

原来我们做一个PET-CT可能需要20分钟，而两米PET-CT在常规的放射性药物剂量下，2米扫描范围，30秒就可以完成扫描了。用不到1/10的药物辐射量，就能快速成像，大大减少了放射性药物对人体的伤害。

另外，原来一个病灶可能要到1厘米以上才能被扫描到。而两米PET-CT在病灶只有3毫米的时候就能发现它，而且图像清晰度非常好，这样就能更好地帮助医生来评估疾病。用更短的时间、更少的辐射，让患者得到更精准的诊疗。

韩晶：两米PET-CT对于医生是一件强有力的武器，对于患者则是很大的福音。如果我们从更高的层面来看的话，以两米PET-CT为代表的国产先进医疗装备，对于中国建设“大健康”的医疗环境，能起到怎样的作用呢？

顾建英：原来我们是“以疾病为中心”，现在我们是“以人为中心”。跟以前相比，诊疗模式和理念有了很大的进步。

国产医疗装备的介入，不仅像两米PET-CT，还有可穿戴的设备，包括5G，包括一些人工智能的算法，可以从一个人出生到他离开这个世界，形成一个闭环的健康管理。我们希望患者能够不生病或者延缓生病，而一旦出现疾病，我们又有后端的精准诊断和治疗。这些精准的诊断治疗，都离不开国产的尖端医疗装备。

从另一个层面来说，国产尖端医疗设备的介入，也促使国际上原有的高端设备可以降价，最终受惠的是广大普通患者。同时，我们的国产设备也可以输出到国外，让中国装备和技术的进步辐射到全人类。我想，这是作为一个医者应该具备的情怀和胸怀。

另外，“十三五”期间，我们在福建跨省创建了一个医联体——复旦中山厦门医院。从 2015 年开始打桩，花了 700 天时间建成。2017 年 8 月 19 日，医院开始试运行。从 2018 年 1 月 8 日开始，我们在福建省的患者满意度，一直位于公立三甲医院第一名，这也说明了当地老百姓对我们工作的认可。

我们希望，医联体能够精准补强福建省厦门市的一些医疗短板，提升他们的医疗水平，让当地老百姓不出省就能享受到高质量的医疗服务。

韩晶：每一个时间节点您都记得那么清楚，可见您对医联体的创建投入了很多感情。我觉得医联体不仅体现了医者的情怀和胸怀，更体现了我们国家把优质的医疗资源向更广泛地区进行辐射和技术输出的一种努力。最后，作为医疗机构的管理者，您能跟我聊几句您个人的情况吗?

顾建英：我是1993年毕业进入中山医院的，到现在已经28年了。尽管现在也做着行政管理工作，但28年来，我始终没有离开临床。

我是一名整形外科医生。可能很多人认为，整形外科就是做美容的。但实际上，美容只是一个方面，另一个方面是做修复和重建。比如，皮肤软组织、肿瘤创面等，通过我们整形外科医生的修复和重建，能帮助患者更好地适应社会、重返社会。我觉得作为一名医生，病人能够康复，能够痊愈，是我最大的幸福。

韩晶：修复和重建，修复的可能是容貌，但重建的却是患者重返社会的信心。从“以疾病为中心”到“以人为中心”，实际反映的是我们社会对生命的珍视。非常感谢！

YANGUAN

Chapter Five

第五章

观众眼里的“超级装备”

把“智造美学”焊在了每一帧

张　斌

“中国智造”是当代中国最闪亮的国家名片之一，其中的高端装备，则是“中国智造”这颗皇冠上的璀璨明珠，集中体现了中国工业的创新能力和科技水平。

继第一季收获观众喜爱和赞誉之后，《超级装备》第二季在呈现对象和表现手法上换挡升级，以“重、巧、深”的创作理念形成独特的吸引力，建构了专属于中国工业纪录片的“智造美学”。

点焊机器人

重

“重”，首先表现在装备本身的重要和重大。

《超级装备》第二季以《蓄势赋能》《智领仁心》《机甲力士》《纵横天下》《急救先锋》五集内容，聚焦当今中国能源、医疗、基建、交通、救援五大领域中最先进的 18 个尖端装备，集中展现了中国尖端制造的最新成果。

“重”，其次表现在装备本身的规模和复杂。

第二季里的装备，有些在体积和重量上是“超级巨无霸”，如十万吨级半潜式能源生产平台“深海一号”，百万千瓦级发电机组位列世界之首的白鹤滩水电站，全球单臂起重能力最强的浮式起重装备“振华 30 号”。

振华 30 号

这些装备的规模和复杂程度都堪称空前，远超人们的日常生活经验，通过这部纪录片，得以首次呈现在观众面前。

有些装备的“超级性”，体现在其复杂程度和超高效率上。比如，由 5 个不足一米见方的箱型设备组成的血液分析流水线，其实是由 6 万多个精密零部件构成的微型验血工厂，每小时可接纳 1000 支血液试管，大大提高了效率，方便了就医百姓。

这些超级装备是中国工业科技的拳头产品，也是推进中国经济向产业链前端迈进的牵引器，充分彰显了中国力量和中国智慧。

巧

聚焦装备的工业科技类纪录片，很容易陷入纯装备展示和知识介绍的窠臼，难以对观众形成持续的吸引力。《超级装备》第二季通过叙事上的精巧安排，在展现装备的同时牢牢抓住了观众。

这种“巧”，首先反映在对“超级装备”的选择上。

大部分装备的“超级性”，观众肉眼可见，但所见并不意味着所得。因为纪录片选择的装备，本身就存在“可见”与“不可见”两个部分。

世界首台两米 PET-CT“探索者”，内部由 50 多万根晶体之“眼”构成，其精密复杂的制造场景可通过镜头呈现，但实际应用则属于“不可见”部分。通过揭秘超级装备的“不可见”部分，纪录片从对象层面上就构筑起了对观众的持续吸引力。

这种“巧”，也体现在叙事手法的创新上。

《超级装备》第二季每集 50 分钟呈现 3~4 个装备，也就是每个装备所占时长仅 15 分钟左右。如何在短时间内既说清楚超级装备的“超级”从何而来，又要确保对观众的吸引力不中断和不下降，这无疑是一个巨大的挑战。

该片放弃了简单的线性叙事，转而采取了“复线叙事”的方式：每集平行讲述三四个装备，每个装备又分 3 个部分讲，每次只讲三分之一并设置一个悬念，时长不超过 5 分钟。通过调动叙事技巧，不断向观众输入新的信息和场景，并用悬念从情感上“牵”住观众，有效避免了观众的审美疲劳，形成了这部纪录片独特的艺术魅力。

这种“巧”，还体现在影像语言的创新上。

针对超级装备的特点，纪录片充分调动了“电影眼”的影像创造潜力，形成了奇观影像和微观影像的结合。电影级的画面质感，配合无人机航拍、探针式微距摄影、高速剪辑、快速转场、装备操作人员主观视角等手段建构影像体系，提升了单位时间内影像的信息传递量，有效创造了纪录片的视觉冲击力。

这种创新，在对医疗装备的影像呈现上，尤其体现得充分。将一滴血在微型验血工厂中的旅行这一不可见世界，变成一个充满故事的可见世界，构筑了一段微观世界的奇妙旅程。

验血装备内部

深

如果说纪录片可以成为一本“相册”，那么《超级装备》第二季的创作者希望给“相册”留下怎样的历史影像？从这个意义上来看，本片体现了“智造美学”与家国人文情怀的深度交融。

毫无疑问，拍摄《超级装备》第二季，本身就是家国情怀的体现。该片作为中央广播电视总台影视剧纪录片中心的重点项目，摄制过程得到了国家相关部委的直接支持。摄制组历时两年多，从南到北，上天入海，记录下了中国装备制造的高光时刻。

《超级装备》第二季展现了中国高端制造自主性发展的速度与高度，其背后是国家繁荣发展的有力支撑和国家创新能力的快速飞跃，展现了中国制度对于推进中国制造向高端发展的基础性作用。

纪录片还把镜头对准制造装备和应用装备的一个个活生生的个体。中国第一代科技工作者用智慧乃至生命创造了这个国家的核心工业基础，今天的科技工作者同样在用自己的知识创新为国家提升竞争力，奉献着才华和青春。因此，《超级装备》第二季也在有限的时间里，展现了超级装备的缔造者如何克服看似不可能克服的困难。寥寥数笔，却令人印象深刻。

如何让千吨级运梁车和架桥机横跨 40 米桥孔，已经是世界级难题，同时还要解决其超大机身通过狭窄隧道这一更大的困局。设计者的巧思一方面体现出中国人的智慧创新能力，另一方面也反映了中国发展本身对这些超级装备的需求，体现了两者之间的良性互动。

在每集结尾，《超级装备》第二季还颇具匠心地设计了彩蛋——让相关从业人员来压轴讲述。最朴实的劳动者表达着最朴素的愿望，让我们深切地感受到他们工作生活中的幸福与烦恼，从而更深刻地理解，是怎样一群人在支撑和维护着国家超级装备的运行。

正如总导演韩晶在接受采访中提到的，“超级”其实是一个人文概念，体现的是“人文性”的内涵，“超级装备”可以理解为人与机器的“嵌合体”。

这些普通劳动者的泪水和欣慰，让纪录片在“硬核”之外有了更多生命情感的注入，变得更有温度，更加动人，从而让这个钢铁世界盛开出了温馨的人文之花，余音不绝。

海上风电安装

本文作者系上海大学上海电影学院教授、副院长

科学精神的放飞，在祖国山河的壮丽投影

汪天云

由中央广播电视总台影视剧纪录片中心出品的纪录片《超级装备》第二季，在 CCTV-9 播出后反响强烈，微博话题阅读总量破 2 亿次，全网各平台热搜 18 次，成为一个现象级的纪录片。

原本较为小众的工业科技类纪录片，为何能取得这样的传播效果？笔者认为原因在于，纪录片从如下几方面做了出色的创新。

从“无机”到“有机”

装备、仪器、材料是冰冷的、坚硬的、巨硕庞大的，但《超级装备》第二季把它们变成有亲和力的、热切的，甚至是柔情的。把无机的事物转化为有机的生命，是第二季的一项重要创新。

比如，全球起重能力最大的履带式起重装备——四千吨级履带起重机，臂架长 216 米，最大起重能力 3600 吨，相当于可一次将 60 节高铁车厢起吊到 70 层楼的高度。光是展现这个“超级金刚”的伟岸雄姿，就已足够“吸睛”，但纪录片并不满足。它通过铺设一条副线——起重机臂架制造，刻画了“擎天巨臂”是如何被无数个平凡渺小的焊工一寸一寸焊接成 72 个钢铁节段，再组接成庞然大物的艰辛过程。

通过把“人”融入工业制造场景，使得原本坚硬冰冷的钢铁装备，变得柔软，散发出温暖。

又如，全球首台两米 PET-CT“探索者”，能以世界上最长的 2 米扫描范围、最短的 30 秒扫描时间、最少的仅为传统设备 1/40 的放射性药物剂量，一次完成对人体的全身扫描。纪录片在展示其“特异功能”的同时，将镜头转向神秘的“晶体工厂”，揭秘了“种晶”工人如何在长晶炉内“种”出饱满的晶体圆柱，研磨工人如何用细密如发丝的金刚石线将它切割成毫米级厚的晶体阵列，安装技师又如何把 56 万枚晶莹剔透的晶体环绕孔腔 600 多圈。

两米 PET-CT 内部

正是平凡的建造者，把“无机”的装备，变成了充满温度和情感的“有机物质”。

全片类似的“转化”不一而足，而到了片尾“彩蛋”，这种转化又变成从“量变”到“质变”的终极转化。当“深海一号”的建造者说，“我不是一个大孝子！”当“振华 30 号”的船长说，“长时间漂在海上，回家孩子都不认识我了。”当“鲲龙”AG600 的总设计师说，“我围着飞机左转三圈、右转三圈，就像看着自己的孩子要远离家门……”，这一刻，观众与他们的共情也达到了巅峰。

“鲲龙”机务组

“三角蒙太奇”叙事

“三角蒙太奇”，是《超级装备》第二季在叙事手法上的重要创新。

“蒙太奇”是一个重要的电影理论，通常指镜头的剪辑方式，包含“平行蒙太奇”“交叉蒙太奇”“重复蒙太奇”等。电影大师爱森斯坦认为，A 镜头加 B 镜头，不是 A 和 B 两个镜头的简单组合，而是形成了 C 镜头的崭新内容和概念。

《超级装备》第二季对“蒙太奇”理论的运用，可谓深得三昧。比如，每一集将发生在 3 个不同场景、不同时间下的 3 个不同故事进行平行剪辑，就是典型的“平行蒙太奇”手法。又如，在第一集《蓄势赋能》中，十万吨级海上能源生产平台“深海一号”，一边是脐带缆提拉出现不明故障，一边是储油仓安全检查紧张展开，把同一时间下两个不同的场景剪辑在一起，以完成同一个主题，就是“交叉蒙太奇”。

再如，片中的一些闪回段落，以快速剪辑方式将一些特定镜头重复使用，就是典型的“重复蒙太奇”。它相当于文学中的复述方式，通过关键镜头的重复出现，加强纪录片的节奏和悬念感。

而《超级装备》第二季对“蒙太奇”的运用，还远不止于此。因其表现内容的需要，它所创立的“三角蒙太奇”体系，已经超出剪辑技法的范畴，涵盖到了叙事层面。

仍以第一集《蓄势赋能》为例，除了 3 个不同装备和 3 个不同场景外，还有大坝浇筑、风电安装、脐带缆提拉这 3 条不同的主线，再加上研发困境、功能解析、制造难题 3 条不同的副线，从而形成结构交叠的“三角蒙太奇”叙事。

令人赞叹的是，如此复杂的“三角蒙太奇”叙事，《超级装备》第二季却讲述得条理清晰，繁而不乱，疏密有致。

叙事手法的创新并非是为了“炫技”，而是为了让观众在有限的单位时间内，实实在在地得到更多信息流的“滋养”。平均每5分钟切换一个新场景、输入一段新信息，不仅由于“话分几头”而增加了悬念，避免了观众的审美疲劳，也使得观众对纪录片的观赏变得更“值当”。毕竟，观众的时间是宝贵的。

日落中的港机制造基地

科学精神的放飞

中国人在很长的历史跨度里并不缺技术，缺的恰恰是理性的“知其然且知其所以然”的科学精神。而《超级装备》第二季重点呈现的，正是新时代中国科技工作者身上的科学精神。

例如，体量相当于3个埃及胡夫金字塔的白鹤滩水电站大坝，为了解决混凝土因热胀冷缩导致“坝体开裂”这一世界难题，建设者钻研出一整套科学有效的方法，采用“低热水泥”并智能温控浇筑全过程，从而完成了这一举世瞩目的壮举。

又如，在中国首艘五百米载人饱和潜水支持母船“深达号”上，胡建潜水团队面临一场极限科学实验：他们被密闭在容积不足43立方米的“胶囊仓”内，身体要承受超过地面50倍的大气压强，并持续整整33个昼夜。这相当于850吨的外在压力，要施加于脆弱的血肉之躯上。

如何确保潜水员在潜入黑暗深渊、承受可怕高压时，依然安然无恙，并源源不断地获得安全感及生命所需要的一切物质，如同母亲通过脐带温柔地维系婴儿的生命？正是在科学精神的引领下，一整套精细缜密的实验方案被研制成功，完成了这个超乎想象的天使任务。极限实验获得成功意味着，中国人将有能力在远离大陆岸基支持和恶劣海况下，实施深水抢险救捞任务。

无论是白鹤滩大坝的低热水泥浇筑、饱和潜水支持母船的极限科学实验、四千吨履带式起重机的噪声试验，还是洋山四期自动化码头的高效智能运行，都是中国科学精神的放飞，在祖国山河的壮丽投影！

本文作者系上海视觉艺术学院教授、上影集团原副总裁

中国尖端装备的奇迹与梦想 热血与情怀

龚金平

大型纪录片《超级装备》第二季以五集体量，讲述了中国在能源、医疗、基建、交通、救援五大领域最前沿的 18 个尖端装备的故事。这些装备或气势恢宏，自带“不怒自威”的霸气；或精密繁复，令人叹为观止；或兼具宏伟壮观与精巧灵动两种气质。它们无不体现了中国工业制造的伟大奇迹，同时又印证了中国工业人的梦想、热血与情怀。

“鲲龙”AG600

工业科普类纪录片很容易做成一份“说明书”，通过罗列数据和堆砌术语，展示装备的设计构思、工作原理和性能指标，往往缺乏鲜活立体的人物刻画和充沛饱满的情感渲染。

但是，《超级装备》第二季巧妙地避免了“只见机器不见人”的尴尬。它通过丰富多样的艺术表现手法，把观众带入撼人心魄又温暖感人的情境之中。

比如第三集《机甲力士》，纪录片呈现了四千吨级履带式起重机、振华 30 号起重船、千吨级高铁桥架设装备这 3 个基建“巨无霸”，它们无不外形巍峨，气势磅礴，“力拔山兮气盖世”，令人心中肃然。

对“超级装备”进行影像呈现，是《超级装备》第二季的首要任务。为此，纪录片大量使用延时摄影和快切剪辑，营造了扣人心弦的节奏感，也使其影像语言更具时尚的科技质感。

并且，纪录片还通过灵活的运镜和景别的变化，为观众提供了丰富的观察视角：既在鸟瞰式全景中“远眺”宏观，又在大特写里“凝视”细节，使观众获得非同凡响的“两极”视觉体验。

起重机臂架局部

而在“切题”的同时，片中也采访了相关的设计制造和操作人员，由他们讲述缔造和陪伴这些装备时所经历的磨难与煎熬、欢欣与满足。但纪录片显然并不满足于此，而是在“人”的元素上大做文章。

首先，对装备进行“拟人化”描述。

仍以第三集《机甲力士》为例，片中将全球单臂起重能力最强的起重船振华 30 号比作“海上大力士”，将长 125 米、自重 2000 吨的臂架比作大力士的“擎天臂膀”，把 220 吨、相当于 150 辆家用小轿车总重量的四爪钩比作“巨掌”，把自重 2200 吨、直径 42 米的回转底盘比作“腰板”，而甲板面积相当于两个半标准足球场的船体则是大力士的“腿脚”。这种仿生学式的拟人化描述，既让普通观众能迅速理解装备的外形特征和超强能力，也使高冷的机器在观众眼里变得可亲近和可触摸。

其次，建立“人”与“装备”的空间比例关系。在《超级装备》第二季中，我们经常能看到这样的画面：高耸雄伟的装备旁边，出现了“细小”的人。而这些人，正是超级装备的建造者和驾驭者。通过体积上“宏大”与“渺小”的极致反差，使“人”的力量得到了充分彰显。

通过多维度构建起来的参差对比关系，《超级装备》第二季不仅展现了中国尖端装备的高超能力与先进技术，礼赞了设计制造者的智慧、梦想与热血，同时也让他们的“崇高”与“智慧”散发出真实的人间烟火气。

在完成“切题”任务的同时，纪录片非但没有割裂“机器”与“人”的关系，将“机器”抽离于中国式现代化的国情背景，反而构建了一个极富情绪感染力的场域，让观众在情感上获得震撼和洗礼。

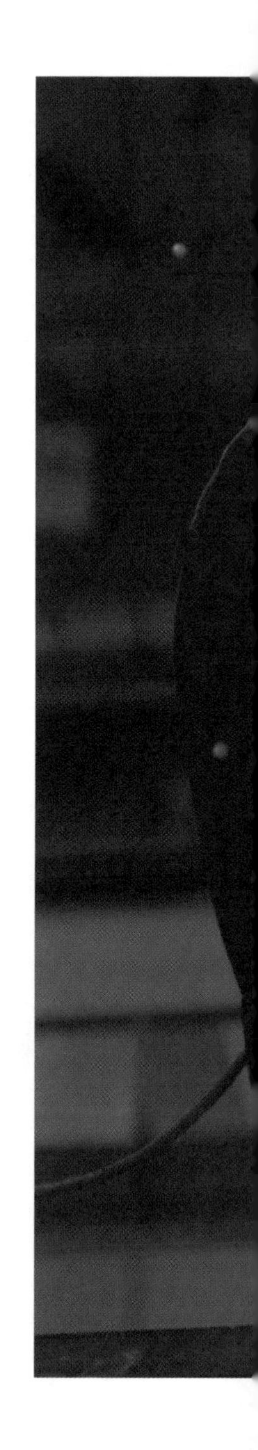

打磨工

《超级装备》第二季还十分善于设置悬念，让故事的演进出现一些小小的意外，营造出扣人心弦的紧张氛围，并大胆将这些意外搁置，跳到其他场景“话分两头”，然后再适时回来释疑。这使得真实的叙事有了戏剧的张力，为观众提供了非凡的观赏体验。

例如，第一集《蓄势赋能》，讲述了海上能源生产平台“深海一号”的脐带缆安装的故事。当绞车的拉力指数达到 30 吨时，脐带缆却提拉不动了；继续加大拉力到 34 吨，脐带缆仍然提拉不动。总控室里，气氛顿时紧张起来。这种“意外”的出现，不仅使观众深度参与了叙事，产生“揭秘的快感”，同时也进一步凸显了“人”在装备制造中的主体价值。

更重要的是，纪录片在展现尖端装备为中国首创、世界领先的同时，始终强调它的“人民性”。正因为中国人口众多，为了满足 14 亿人口对能源、医疗、基建等的巨大需求和对美好生活的热切向往，更先进、更强大、更精密的超级装备才得以“横空出世”，有了用武之地。尖端装备的研发，并非只为争世界第一，而是切切实实造福了人民。

缔造这些超级装备的中国工业人，在为自己的生活拼搏时，更在为祖国乃至世界人民的福祉而奋斗着。正如两米 PET-CT 的研发者说的，“国产尖端医疗装备的问世，促使国际上的高端设备可以降价。同时我们也可以输出到国外，让中国科技的进步，辐射到全人类。”

也如悬臂式隧道掘进机的建造者说的，“中国的隧道建设以每年超过 3000 千米的速度在增长，随着‘一带一路’倡议的推进，国外的一些隧道工程也亟待开工。”

由中央广播电视总台影视剧纪录片中心出品的《超级装备》第二季，立足点始终放在“人”身上。人们缔造装备的终极意义，最终落实到“人”“人民”“人类”这些既宏大又具体的概念上。这无疑为纪录片注入了更为昂扬和博大的情怀与价值，对于提振民族自信、增强民族自豪感，意义重大！

本文作者系复旦大学教授、复旦大学电影艺术研究中心副主任

一场直观鲜活的科技奇观叙事

司　达

由中央广播电视总台影视剧纪录片中心出品、在纪录频道（CCTV-9）播出的五集纪录片《超级装备》第二季，以一集一个领域的体量，展现了中国在能源、医疗、基建、交通、救援五大领域的超级装备，并借助微距、航拍和计算机动画等技术手段，从微观和宏观两个层面，庖丁解牛般地揭示出中国尖端装备的内部构造、技术原理和功能特征。

科普叙事｜直观鲜活地阅览科技奇观

《超级装备》第二季在影像层面完成了一场直观、鲜活的科技奇观叙事。它既讲述了国家的科学技术进步成果，也是一部精道好看的科普系列片。它没有停留在浮光掠影的外形展示和数据堆砌，而是深入每一项科技成就的背后，用通俗易懂的语言，详细深入地阐明其运作原理，使每个观众都能彻底理解这些装备的功能效用，更在三个层面上实现了科普纪录片的叙事创新。

首先，《超级装备》第二季充满了揭秘的快感。

全片选取的科技成就案例，不求多，但求精。它采用多线叙事的方式，齐头并进。每一集纪录片，都选择了归属于同一科学领域的三四项科技成果，进行交叉叙事。借鉴剧情电影的平行蒙太奇手段，该片既可以在每段叙述中制造悬念，达成“话分两头”的叙述效果，又可以省略叙事中不太重要的时空连贯信息，增强叙事节奏，还可以实现在相同叙事时间中的内容叠增，打造出信息量丰富充盈的文本。

其次，《超级装备》第二季对数据的阐述，均借助普通观众熟悉的事物去进行类比。

比如，要将海上风机重达 1350 吨的基础桩，起吊到离海面 140 米的高度，相当于一次将 10 头成年蓝鲸提升到 47 层的楼顶；又如，全球单臂起吊能力最大的海上起重船振华 30 号，在上海长兴岛起吊一艘重达 13200 吨的驳船，相当于埃菲尔铁塔加 12 架空客 A380 飞机的总重量；再如，以树为比喻，来区分医院 CT 扫描和 PET-CT 扫描的差别……

湛江外罗海上风电场

最后，本片借助计算机动画，对科技原理、地理区域等进行充满未来感的特效描绘，为观众形象化地建立起对抽象概念的“脑补图像”，从而能更直观地去感悟“超级”一词的量级程度。因此，本片是对我国当前先进技术进行全民科普的一个良好案例。

科学利民｜彰显提升幸福指数的精神内核

科学技术的进步，从未像今天这样深刻地影响着国家的前途命运和人民的生活福祉。《超级装备》第二季所展示的所有科技成就，均与中国人民的幸福生活指数息息相关。

这些成就，有对普通个体的健康关照。比如，能在人体内运作超过10年、治疗帕金森病的清华“脑起搏器”等。也有造福一方，让一个区域的人民获益的科技成就。比如，凿通大连湾海底隧道的当今中国功率最大、也是吨位最大的悬臂式隧道掘进机等。更有让世界人民共同获益的科技成就。比如，世界上单体最大、综合自动化程度最高的上海洋山四期自动化码头等。

在钢铁机械之外，本片也聚焦于科研人员和一线科技工作者，让所有和超级装备亲密接触的一线人员亲自发声，补充解说词无法完成的细节信息。

本片深入浅出地展现了这些科技成就的精神内蕴：于祖国，显现出党和政府在加强原创性引领性科技攻关、坚决打赢关键核心技术攻坚战、强化国家战略科技力量、推进科技体制改革、构建开放创新生态、激发各类人才创新活力等方面的任务落地；于人民，则是我们的自信底色、幸福底气。

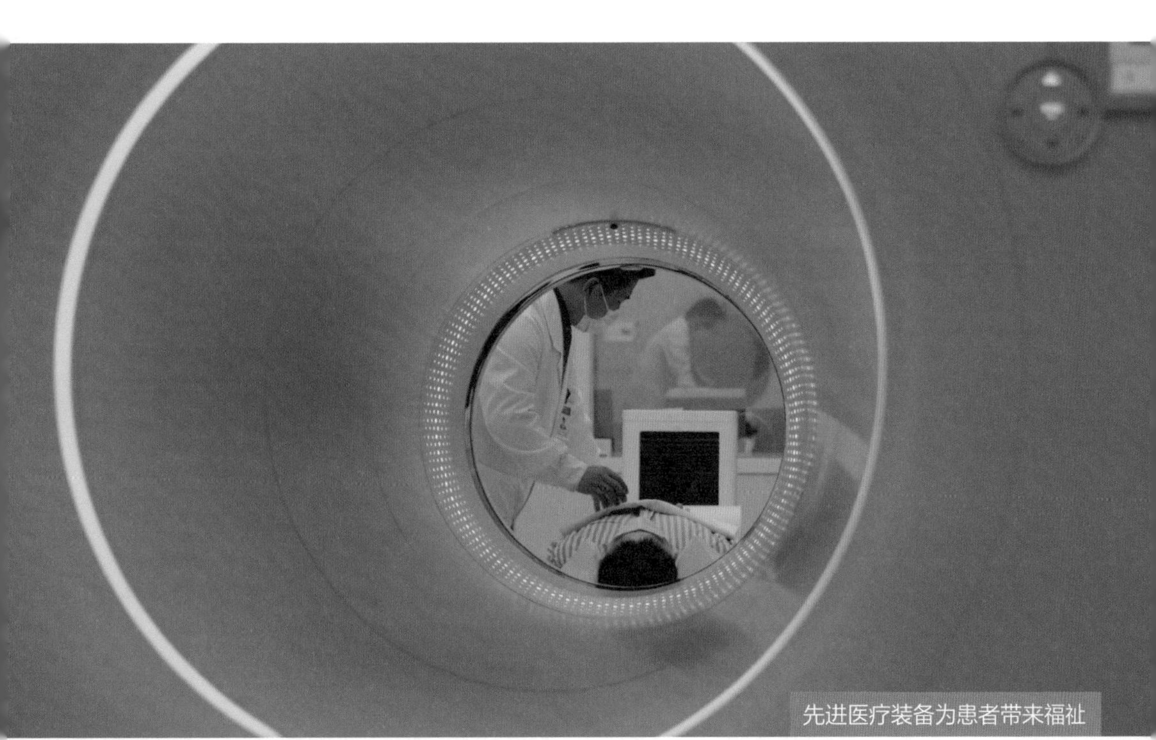

先进医疗装备为患者带来福祉

自动化码头的港机测试

科技强国｜展现生态文明的力量

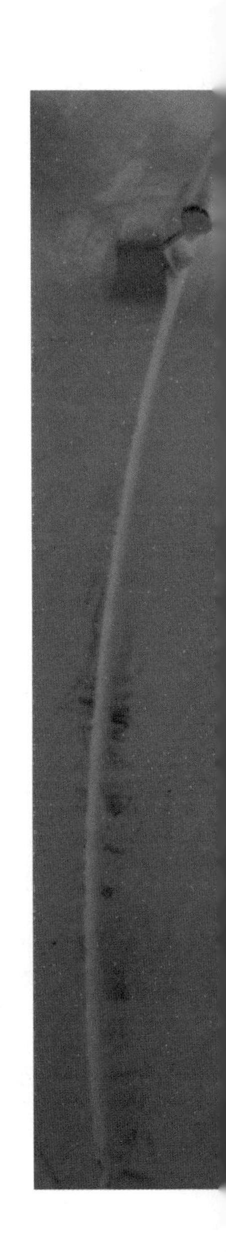

《超级装备》第二季是一曲对科技文明和工业文明健康发展的赞歌。本片所书写的科技力量，是一种全新的、生机盎然的文明形态——生态文明。借助这部纪录片，我们知道了海上风电是当今世界公认的最有发展前景的绿色能源，而中国从 2018 年起已连续三年成为海上风机新增装机容量世界第一的国家；也知道了白鹤滩水电站的建成，一年可以节约标准煤 2800 万吨……

这些科技成就的背后，体现出中国科技工作者坚持走中国特色自主创新道路，面向世界科技前沿、面向经济主战场、面向国家重大需求、面向人民生命健康的使命担当。这些技术，也改变了传统“征服自然”“控制自然”的科技范式，以敬畏之心处理人与自然的关系。

正如水陆两栖飞机“鲲龙”AG600 的研发，源于汶川地震陆路交通中断的痛定思痛；也如业界最轻最薄的医学影像装备便携式超声仪 MX，源于对过去在 120 急救车上逝去的所有个体生命的惋惜……科技的进步，铭刻着中国人尊重生命、珍爱生命的文明源流。

《超级装备》第二季承继了第一季的表现主题，增容了内容体量，让观众持续感受到了国家科技进步的速度与力量，是一部增强中国凝聚力、向心力的纪录片。而其中的一些独家或首次呈现的内容，也是珍贵的视觉存像，更是国家科技进步的重要见证。

本文作者系“央视剧评”评论员

海上风电安装

Chapter Six

第六章

“超级装备”附录

《超级装备》名词索引

白鹤滩水电站

白鹤滩水电站，位于四川省宁南县和云南省巧家县交界的金沙江下游河段，是实施“西电东送”的国家重大工程，也是当今世界在建规模最大、技术难度最高的水电工程。

电站由中国三峡集团开发建设，总工期12年，总装机规模1600万千瓦，共安装16台单机功率为100万千瓦的水轮发电机组。建成后将成为仅次于三峡工程的世界第二大水电站，年平均发电量达624.43亿千瓦时。

白鹤滩水电站以发电为主，兼有防洪、拦沙、改善下游航运条件和发展库区通航等综合效益。

白鹤滩水电站

龙源振华叁号

“龙源振华叁号”是全球同期最大的自升式海上风电施工平台，长 128 米，宽 43 米，型深 8.4 米，桩腿长 85 米，最大作业水深 50 米，拥有 2000 吨的最大起重能力，可起吊 90 多米长、重量超千吨的风电桩，并将风电桩垂直插入海床深处，垂直精度误差控制在千分之三以内。

“龙源振华叁号”配有 DP 动力定位系统，可实现机位间的快速移船、定位抬升，施工效率极高。2021 年 5 月，单月完成 10 台海上风机安装任务，刷新了国内施工纪录。

截至目前，“龙源振华叁号”已先后服务于近 20 个海上风电项目，完成装机容量约 100 万千瓦，为海上风电深水大机组施工和规模化开发，提供了“关键利器”。

龙源振华叁号

深海一号

“深海一号”气田于 2021 年 6 月 25 日正式投产，是中国首个自营超深水大气田。气田主要设施分为水下和水上两部分，水下部分由水下生产系统和海底管线组成，水上部分主要是“深海一号”能源站。

“深海一号”是由中国自主研发建造的全球首座十万吨级深水半潜式生产储油平台。这一最新海洋工程重大装备，实现了 3 项世界级创新，运用了 13 项国内首创技术，被誉为迄今中国相关领域技术集大成之作。

“深海一号”能源站总重量超 5 万吨，最大投影面积有两个标准足球场大小；总高度达 120 米，相当于 40 层楼高；最大排水量达 11 万吨，相当于 3 艘中型航母。

“深海一号”气田依托海上天然气管网，每年为粤港琼等地供应 30 亿立方米深海天然气，可以满足大湾区四分之一的民生用气需求。

深海一号

两米 PET-CT“探索者”

Total-body PET-CT uEXPLORER“探索者”，被誉为探测人体的“哈勃望远镜”。独有的实时全身动态成像，让人类首次实现以肉眼清晰观测药物被注入人体后在血管内流动、扩散，最终被器官摄取并代谢的全过程，突破了传统设备只能提供不同器官在不同时间成像的局限，将片段式成像拼接成全局的、连贯的“全息电影”，为肿瘤在全身的微转移检测、个性化精准诊疗、新药研发及人体生物机理研究，提供了丰富的想象空间。

“探索者”在世界核医学年会等世界顶尖学术论坛上引发巨大轰动，不仅受到 *Nature*、*Science* 的专题报道，还成为《美国核医学杂志》2018 年首期“封面明星”，更被英国物理学会 *Physics World* 评为“2018 年十大科学突破之一”，成为“中国智造”日益发挥国际影响力的一大例证。

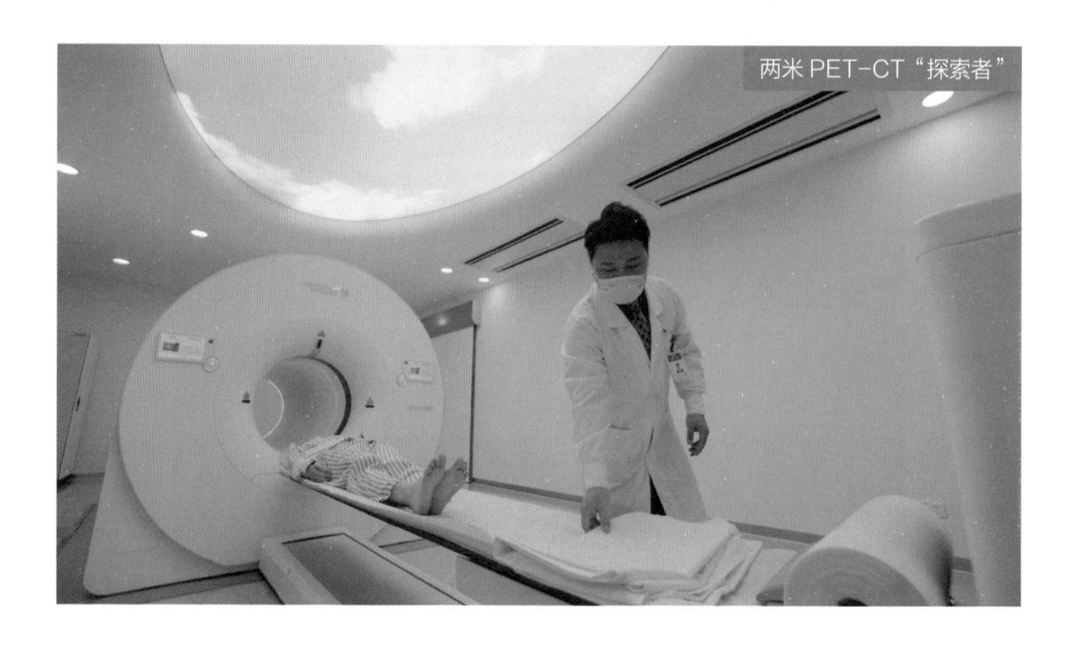

两米 PET-CT“探索者”

“太行”血液分析流水线

“太行”血液分析流水线，由 6 万多个精密零部件构成，包含血细胞分析仪、全自动推片染色机、C 反应蛋白分析仪、全自动细胞形态学分析仪、糖化血红蛋白分析仪等多个模块，全自动“一站式”满足全血分析检测的多种需求。它不仅能及时为患者提供精准的检测报告，还能提升工作效率，解放人力，助力医学检验高质量发展。

“巍然太行，国之重器”，迈瑞以“太行”为血液分析流水线命名，可见研发者对于血液分析流水线的重视与厚望。

“太行”血液分析流水线

“睿米”神经外科手术机器人

“睿米”神经外科手术机器人，是一款能够实现自动立体定向和神经导航融合、具备更高自动化和精准水平的医疗机器人。

“睿米”拥有核心技术知识产权 100 余项，其中发明专利 50 余项，支持 5G 远程手术，已在河北、浙江、广西、山东等省辅助完成多台 5G 远程手术。可支持 DBS 脑深部电刺激、SEEG 电极植入、三叉神经穿刺、经鼻内镜导航、脑出血抽吸引流、颅内活检、开颅视觉导航、内镜夹持导航、镜下自由手导航等多种神经外科手术。目前，在全国 100 余家三甲医院进入临床应用，累计手术量超 10000 台。

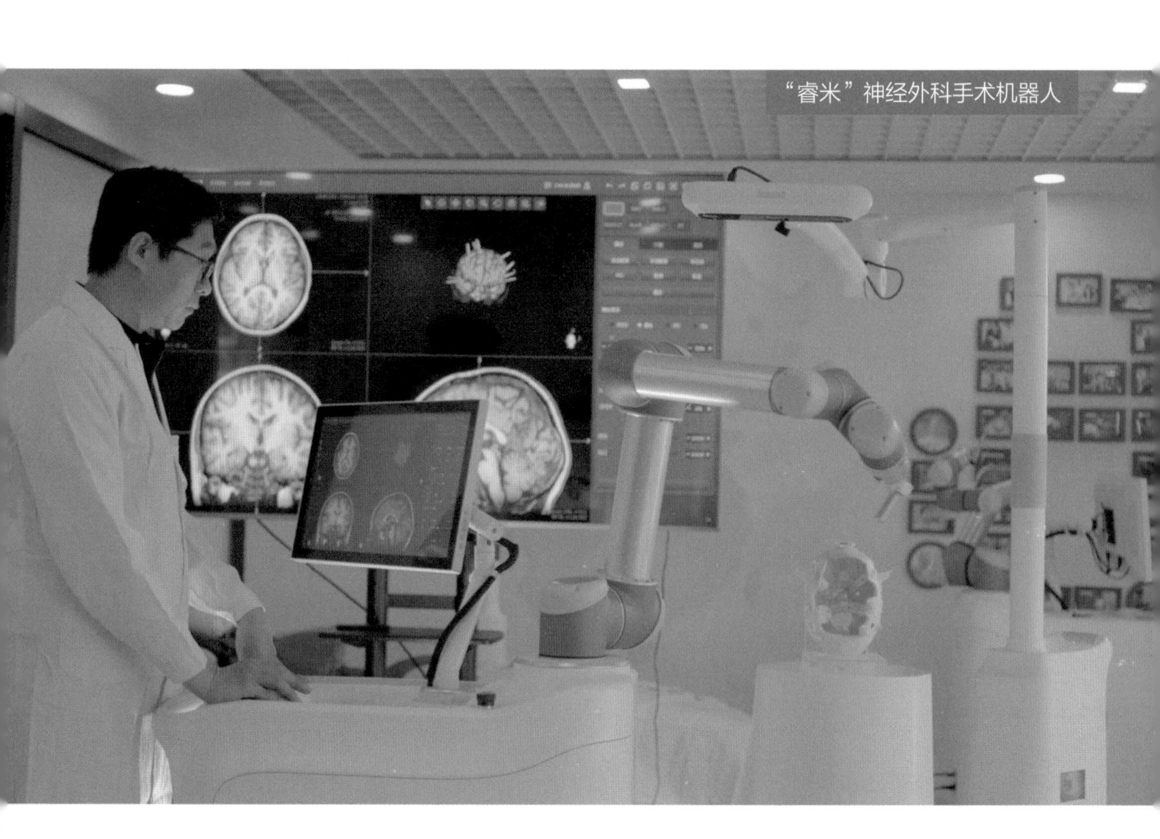
“睿米”神经外科手术机器人

清华脑起搏器

清华脑起搏器是一款应用于脑深部电刺激术（Deep Brain Stimulation，DBS）的有源植入医疗器械，是直接作用于神经中枢的高科技装置。主要用来治疗帕金森病、肌张力障碍、癫痫、阿尔茨海默病、抑郁等神经系统疾病。

清华脑起搏器拥有远程程控、变频刺激、高场强磁共振兼容等首创技术，获得2018年度国家科学技术进步奖一等奖。2013年以来，清华大学研制的系列脑起搏器产品陆续获得医疗器械注册证，使我国成为全球除美国以外，第二个能够研发、生产和大规模临床应用脑起搏器的国家。

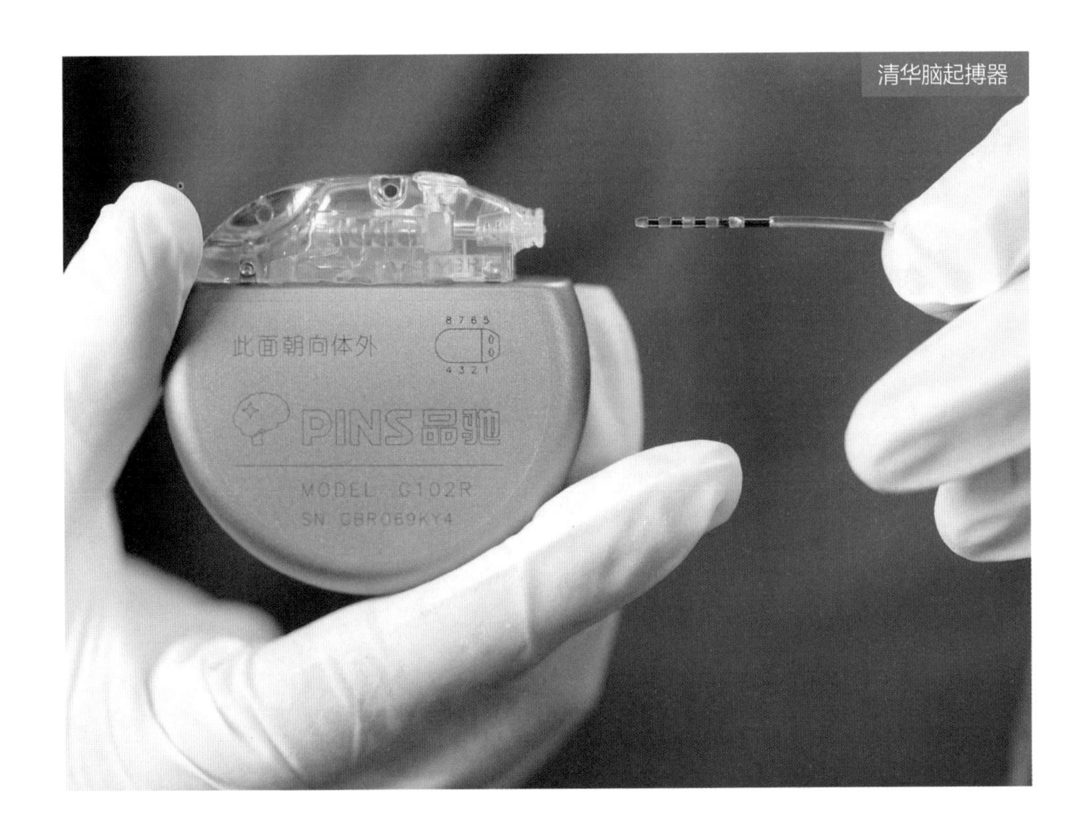

清华脑起搏器

四千吨级履带式起重机

四千吨级 XGC88000 履带起重机，是当今世界上起重能力最强的履带式起重装备。它自重近6000吨，最大起吊高度216米，最大起重能力3600吨，主要应用于石化、核电及煤化建设等大型设备吊装领域。

该装备具有完全自主知识产权，创下3项国际首创技术及6项国际领先技术，拥有80多项国家专利，是中国参与海外项目最大吨级的履带起重机，创造并保持着该吨级最高、最重吊装的双重纪录。

四千吨级履带式起重机

振华 30 号

“振华 30 号”起重船是目前世界上起重力最大的单臂全回转浮式起重装备。船体长 300 米，宽 58 米，自重超 8 万吨，拥有单臂架 12000 吨的固定吊重能力和 7000 吨 360 度全回转的吊重能力，素有“海上大力士”之称。

“振华 30 号”主要用于海上大件、模块、导管架的起重吊装，安装大型模块作业、打捞作业、拆卸报废平台作业、海底能源开发作业。曾参与港珠澳大桥海底沉管的吊装。

振华 30 号

1000 吨运梁车和架桥机

千吨级运梁车和架桥机，是中国为架设高铁 40 米跨、1000 吨级箱梁而开发的专用施工装备。

运梁车为自行轮胎式专用运梁设备，配置 224 个车轮和激光雷达，能实现预制箱梁在路基或桥梁上的运输。架桥机为特种起重设备，长 91 米，宽 20 米，自重 680 吨，不仅能将预制箱梁放置在桥墩上，还能通过支腿位置的纵向变换，实现架桥机在梁片上行走，即“过孔”。

目前，高铁桥梁在中国高铁总里程的占比超过 50%，千吨级运梁车和架桥机可实现跨度 20~40 米、1000 吨及以下多种型式双线预制箱梁的架设作业，具有适应性广、通用性强、自动化和信息化程度高等特点。

1000 吨运梁车和架桥机

悬臂式隧道掘进机

悬臂式隧道掘进机，是针对各种隧道的施工需求而研发的全新岩石巷道掘进装备。它主要由行走机构、工作机构、装运机构和转载机构组成，配备除尘、卷缆、智能安全防护等装置。随着行走机构的向前推进，工作机构中的截割头不断地破碎岩石，并将碎岩运走。悬臂式隧道掘进机广泛应用于铁路隧道、公路隧道、水利隧道、地铁隧道及各类矿山巷道的开挖。

悬臂式隧道掘进机

桥式梁运输车

桥式梁运输车，是一种应用于运输大型超高、超宽、超重设备的特种装备。桥式梁运输车组，由牵引车、前液压轴线模块、桥式梁、后液压轴线模块、顶推车组成，通过将大型设备放置在桥式梁的中间内部、设备重量通过承载主梁传递给两端承载平台的方式，使得常规车型运输极为困难的集重超高大件，实现了长途公路运输。

桥式梁运输车

自行式液压模块运输车

自行式液压模块运输车，是集重超高大件实现场内运输的特种装备。它由动力模块单元和模块单元车组成，自带动力，具有液压驱动、液压升降补偿、电子液压复合多模式转向功能，能够进行模块化刚性并车或柔性并车，通过有线或无线遥控器进行操作。

动力模块单元与车组的首车或尾车相连接，实现车组动力供应。模块单元车的轴线数从 2 轴线到 10 轴线，常见为 4 轴线和 6 轴线。根据货物特点进行并车布置形成车组，车组的最大载重能力超过 2 万吨，主要用于船舶海工、大件物流、能源化工、道路桥梁、钢铁冶金等领域。

自行式液压模块运输车

上海洋山四期自动化码头

上海洋山四期自动化码头，总用地面积 223 万平方米，集装箱码头岸线 2350 米，共建设 7 个集装箱深水泊位，可满足多艘大型集装箱船同时靠泊，设计年吞吐量达 630 万 TEU。目前，28 台双小车桥吊、121 台轨道吊、145 台 AGV 同时工作，从船上抓取集装箱，到 AGV 运送至交互区，最后轨道吊自动吊移到堆场目标位，整个过程仅需几分钟。

自动化码头的关键在于智能化。ITOS 系统具备自动配载、智能调度、自动堆场管理及自动道口、业务处理等功能，它是自动化码头会思考、能决策的“大脑”，控制着码头上所有的自动化设备，让生产全过程智能调度、无缝衔接。上海洋山四期以全球最大的规模和体量，成为自动化码头的“集大成者”。

上海洋山四期自动化码头

大型灭火/水上救援水陆两栖飞机“鲲龙”AG600

“鲲龙”AG600，是中国应急救援体系和自然灾害防治体系建设急需的重大航空装备，是为满足森林灭火和水上救援的迫切需要，自主立项研制的大型特种用途民用飞机。

“鲲龙”AG600的设计，采用大长宽比单断阶船体机身、悬臂上单翼、T形尾翼、前三点可收放式起落架的水陆两栖飞机典型布局形式，机长38.9米，翼展38.8米，机高11.7米，最大起飞重量60吨，最大实用航程大于4000千米，巡航速度480千米/小时，最小平飞速度220千米/小时。采用双驾驶体制，具有载重量大、航程远、续航时间长的特点。

“鲲龙”AG600

ET120 智能救援机器人

ET120 智能救援机器人，是适用于雪崩、地震、滑坡等灾后急救的救援装备。最大爬坡坡度 45 度，最大越障高度 2.4 米，最大跨越壕沟宽度 4 米，最大涉水深度 2 米。同时可搭载不同工作机具，实现挖掘、灭火、伐木、切割、破碎、钻孔、剪切、打桩等多种作业功能，在雪崩、地震、滑坡等灾害现场进行各种应急救援工作。

ET120 智能救援机器人拥有 30 多项专利，曾获国家科技进步二等奖，曾先后参与四川凉山木里火灾救援、河南新乡洪涝救援、雅西高速塌方救援等重大任务，并在北京冬奥会延庆滑雪赛道的建设中大显身手，彰显了中国装备制造的大国风采！

ET120 智能救援机器人

便携式超声仪 MX

迈瑞便携式彩色超声仪 MX 系列，以业界领先的 ZST+ 高端域光平台为基础，为医生对疾病的诊疗提供优质的图像。同时，业界最轻薄的笔记本超声机身设计，满足全天扫查的超长续航，能够随时来到患者身边，甚至是灾难现场。极简的工作流设计，配合以专科化的探头和功能配置，能为患者提供更及时、更高效的超声检查。

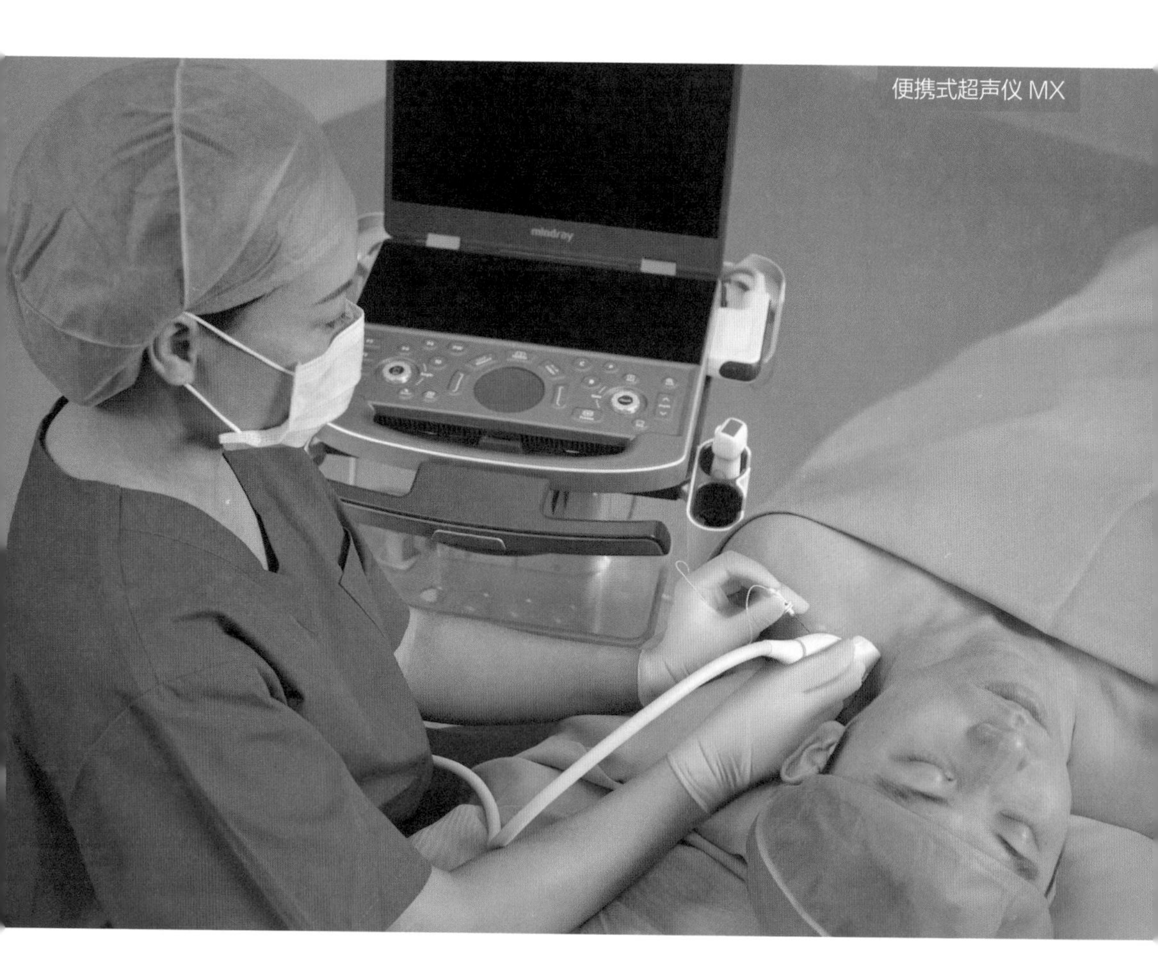

便携式超声仪 MX

深达号

新型深潜水工作母船“深达号”，长 177.1 米，宽 33 米，深 14.4 米，吃水 7.5 米，排载量 135000 吨，续航力 10000 海里，自持力不小于 60 天，能够实施 500 米饱和潜水作业、6000 米水深 ROV 作业，兼具深水软硬管 Reel-Lay 铺设、深水升沉补偿起重作业等核心深水施工能力。

2021 年 5 月 22 日，由 9 名饱和潜水员进舱实验，在 51 个大气压的高压环境下，共停留 176 小时，并完成各项测试项目，实验达到目标深度。6 月 25 日，9 名饱和潜水员安全减压返回常压、走出舱门，意味着中国首次 500 米饱和潜水陆基载人实验获得成功，也标志着中国成为世界上仅有的几个具备 500 米饱和潜水深度级别的国家。“深达号”建成后，将为维护国家海洋权益和环境、建设“海洋强国”和“一带一路”保驾护航。

深达号

《超级装备》第二季创作者名录

总监制 / 庄殿君　申积军
监制 / 史　岩
制片人 / 刘　颖
项目主编 / 史　慧

总导演 / 韩　晶
策划 / 杨志安　王　莹　赵明林　沈闰州　陈　斌　焦　健　王　晔

总撰稿 / 韩　晶
主摄影 / 严俊海　肖　霄
项目编导组 / 陈　军　朱婉婷　洪桂云　胡晓峰
摄影组 / 何伟童　吴秉骐　季传良　王　凯　朱　华　胡　丽　蒋东雷　于正雨　季学卿　吴　琦　索　磊　钱　健
技术 / 孙　宁　裴昌继
拍摄统筹 / 廖望阶　王　霄　孙　羽　胡　丽　傅文水　吴盛龙　刘新宇　王丛歌　严　峰　陈　迪　季圣国　陈丽霞　姚　峥　杨　光　高　乐　马光娜　王盛利　马冰洁　尹沅沅　张玉兵　王　萱　尹振兴　张丽娜　刘佳佳　王　琳　蒋沐函　朱　广　李夏琴　戴海滨　杨　文　任闵昱　马化永　张毓霞

总剪辑 / 陈　军
视频顾问 / 毛贤东
特效组 / 马士龙　陆睿卿　黄小磊
调色 / 毛贤东
音频指导 / 齐　青
作曲 / 黑　铱

配音嘉宾 / 吴 刚 黄 轩 朱亚文 王 凯 胡 军
编曲、人声 / 黑 铱
总录音 / 啸 风
录音组 / 王倩倩 刘雨飒 沈逸丹 周 斯 卓 豪
后期统筹 / 朱婉婷

海报制作 / 马景昉 卢厉雯
宣传总统筹 / 张雪梅 杨春果
宣传统筹 / 杨 畅 蔡天然 王嘉琳
项目推广 / 张晨明 龙 朵 谢 颖 赫 薇 马梦莹
罗 维 李 修 刘馨聪 王春丽 孙乾方

节目监制 / 倪 俊 刘 茜
节目统筹 / 马彩凤 宋 涛
节目编辑 / 丰建颖
责任编辑 / 袁 峰 郝蕾蕾 陈妍妍
技术监制 / 智 卫 崔建伟
技术统筹 / 栗小斌 朱真铁

视频制作 / 上海电影技术厂有限公司
动画制作 / 青岛新东逸文化传媒公司 天海防务虚拟现实实验室
音频制作 / 啸风音频工作室
后期合成 / 北京中视北方影视制作有限公司

独家承制 / 上海视野影视股份有限公司

协拍单位 / 国务院国资委宣传工作局 国家卫生健康委宣传司
交通运输部新闻办公室 国家能源局
中国工业经济联合会

出品单位 / 中国中央广播电视总台影视剧纪录片中心

后 记

感恩所有的遇见

韩 晶

不止一个人问我，为什么要拍《超级装备》?

第一次见到矗如高楼的自由锻造油压机，是在2014年夏。当时，读初中的女儿和几个同学想参观工厂，我于是联系了炼钢厂的朋友。事实上，我自己也想借机到工厂去看一看。

自由锻造油压机，是当时这家炼钢厂最大的机器，能产生1.8万吨锻造力，化百炼钢为绕指柔。面对十几米高的巨型机器，我不禁联想到电影《环太平洋》中的钢铁机甲。人类做不到的事情，“机甲”做到了，但它，是人类的“孩子”。

9年过去了，《超级装备》已完成两季。每当有人问我为什么要拍《超级装备》时，我脑海里总会出现9年前我和一群初中生仰望机器的场景。

“生逢其时！”是我经常说的一句话。

身边的世界，每天都在发生巨变。我们理所当然地用天然气做饭，却不会去想天然气可能来自1500米的深海；我们不假思索地打开灯，却不会去想点亮灯泡的电来自数千千米外的海上风电场；我们坐高铁跨山越海地回家，是因为一些超级机器把天堑变成通途。

生逢一个蓬勃发展、飞速进步的时代，作为纪录片人，又如何舍得不去记录它呢？

所以，我感谢自己身处的时代。

也不止一个人问我，擅长做历史片的团队，怎么想到去拍现实工业题材？

这个问题，我也问过自己。我们的过去、现在和未来，连缀起时光的隧道，每个人其实都站在隧道中央。往左，我们看到了过往；往右，我们望见了未来。一切的现实，都是未来史。从拍摄历史纪录片，到拍摄现实工业题材，对我们，只是转了个身。

况且在拍摄过程中我发现，历史纪录片团队在创作现实题材时，会神奇地凸显某种优势，就是拥有“历史的目光”。

《超级装备》第二季里有一段解说词：“中国的第一条高铁京津城际高铁，全长 166 千米，建设它花了 3 年多时间。今天，中国的高铁路网已超 40000 千米，位居全球第一。如果以建设第一条高铁的速度来建设今天所有的高铁路网，需要花 720 年。而事实上，中国人只用 1/40 时间就完成了这一壮举。”

在关注现实的同时，我们总会不自觉地“多望一眼”，这一眼，就是“历史的目光”。从洋务运动、庚子赔款，到新中国第一台万吨水压机、第一座核电站，再到最前沿的人造太阳……当我们在心中建立起历史的坐标时，《超级装备》就有了“隐形”的力量和纵深感。

所以，我感谢纪录片职业生涯。

我还要感谢团队，兢兢业业的编导组，技艺出色的剪辑师，才华横溢的曲作者，随性又较真的录音师，还有老中青三代结合的摄影团队：老摄影师对构图和影调的严苛要求，使纪录片保持了电影级的影像质感；中年摄影师对不同器材的娴熟运用，实现了多种设备优点的兼收并蓄；青年摄影师反应快、体能好，使登高、涉水、狭小空间等极端环境下的拍摄得以完成。

感谢数十家装备企业，那些默默无闻却成就着举世伟业的中国装备人和工程人，他们不仅缔造了举世瞩目的超级装备，还让摄制组天马行空的创意和构思，落地生根。

感谢中央广播电视总台影视剧纪录片中心的力挺支持，感谢国务院国资委、国家卫健委、交通运输部、国家能源局及中国工业经济联合会的鼎力相助，让中国最前沿、最尖端装备的制造应用场景，向摄制组敞开大门。我很幸运参与了这个“超级”项目，得以站在高处，望见中国工业最壮丽的风景。

最后，感谢工信部装备工业二司王瑞华女士的穿针引线，感谢中国工信出版集团电子工业出版社徐静副总编的精心筹划，使本书得以顺利出版，完成了从纪录片影像到图书的转化。

所有的遇见，皆值得感谢！感恩！

2023 年 5 月 30 日

于上海